關於**管理學** 100 *Stories of*
的**100**個故事 **Managements**

陳鵬飛◎編著

　　管理行為自有人類社會開始就已經普遍的存在於人們周圍了。它隨著社會的發展而發展，存在於人類生活的每一個瞬間，直到今天。

　　然而，現代意義上的管理學產生至今也不過八十年，直到19世紀，人類還並沒有形成一個比較完整的管理理論體系。到了19世紀末20世紀初，隨著生產力的高度發展、科學技術的飛躍進步和管理實踐的不斷豐富，人們對管理科學的認識才更加深刻，並且經過在長期實踐基礎上的概括和抽象，人們開始總結出了管理實踐中具有規律性的內容，最終形成了管理學這門科學。

　　管理學是系統研究管理活動的基本規律和一般方法的科學。在誕生之初，管理學就在理論與實踐上呈現出空前的繁榮，產生了豐富多彩的流派。從古典學派到經驗主義學派，從管理科學學派到權變理論學派，管理學獲得了不斷的豐富和發展，到20世紀末，管理學已經產生了十幾個流派，孕育了眾多偉大的管理學家。

　　「科學管理之父」泰羅曾經說，管理就是要：「確切地知道要別人做什麼，並注意他們用最好的辦法去做。」追根究底，管理是人的藝術，它產生於人類社會，也將最終被應用到人身上。

　　人是一個複雜多變的個體，人類社會更是一個複雜多變的團體，它充滿了未知數，面對的是不可預知的未來，正是因此，面對著人的管理也從來不是刻板頑固的條例、不是枯燥無味的理論、不是紙堆裡板著面孔的說教與訓誡，它應該是鮮活的、生動的，是能讓你隨時隨地流露出會心微笑的智慧與技巧，是可以讓你恍然大悟的一點靈犀。

　　正是基於此，我們編寫了這本《關於管理學的100個故事》，跳脫了傳統的管理學理論和概念，拋開了那些生硬枯燥的專業書籍，這裡有的是最精彩的故事和最智慧的領悟，向你展示一個截然不同的管理學世界，帶你走入管理學的殿堂。每個故事都濃縮一個管理案例精華，使你在輕鬆的氛圍中感受管理的快樂，讓你的管理策略從一籌莫展到遊刃有餘。

第一章 管理學的基本範疇和原理

第二章 管理環境

第三章　現代管理者應具備的素質

第四章　現代管理過程

第五章　現代管理方法

第六章　現代管理創新

目錄

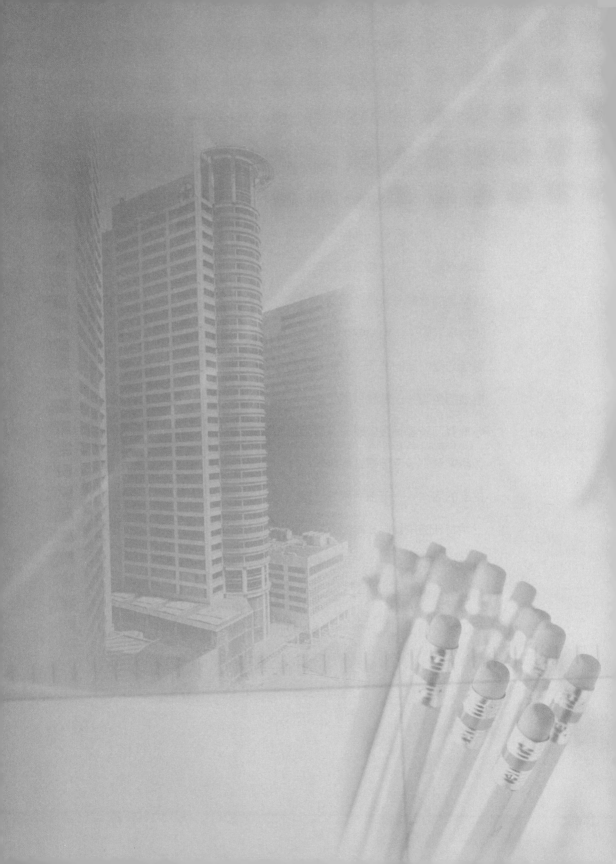

第一章

管理學的
基本範疇和原理

叔孫通制訂禮儀
——管理制度

管理制度是企業員工在企業生產經營活動中，須共同遵守的規定和準則的總稱。

西元前205年，為了鞏固自己的勢力，達到一統天下的目的，劉邦在彭城收用了精通儒術的叔孫通。

西元前202年，劉邦稱帝建立漢朝。即位之初，出身草莽的劉邦不懂禮儀，其屬下一群武官更是粗鄙，結果在國家初建的時候，為了國家統一征戰南北的文武群臣經常互相爭功，酒醉後大聲呼喊，有的甚至拔刀相向。劉邦十分擔憂這樣下去會對剛建立的國家不利，便與叔孫通商議對策，叔孫通建議劉邦讓他徵召儒生，研究古代禮儀，商訂當今朝儀。

於是，劉邦命令叔孫通試著制訂禮儀，要能讓人明白好記，切實可行。叔孫通奉命召集了30個儒生、一百多個儒家弟子以及有學問的大臣，一起到郊外平地，用稻草編成人形，按尊卑順序成排站立，練習了一個多月。劉邦見到他們的禮儀，覺得可行，便讓大臣們按照這些禮儀練習。

到了西元前200年，長安的長樂宮建成。十月，要進行朝拜歲首（秦統一全國，以十月為歲首。歲首，就是下一年的開始。漢朝建立的時候，本來應該改歲首，但是由於國家初建，政事繁多，沒來得及改。直到漢武帝時，召集司馬遷、落下閎等修訂曆法，在太初元年（西元前104年）改正月為歲首）的儀式。

到了舉行儀式這一天，天亮之前，參加朝拜儀式的人被帶著按順序進入長樂

宮。宮中道路兩旁排列著騎兵和守衛的士兵，手持武器，張掛旗幟，佇列嚴整。皇上聽政的大殿下，郎中按照台階成排站立，每級台階上有幾百人。大殿的西邊，按官銜大小順序面向東站立的是功臣、諸侯；大殿的東邊，按官銜大小順序面向西站立的是文官丞相以下的官員；接待賓客的禮官設九卿，上下傳話都按照順序。當皇上從大殿裡出來，有專人帶領諸侯王以下到俸祿六百石的官員依次向皇上祝賀。

禮儀結束之後，朝拜的人都趴在地上，然後低著頭，以尊卑順序一個個起來向皇帝上壽禮。儀式進行過程中要喝酒，當喝過九杯之後，掌管賓客的禮官就下令：「停止喝酒。」並讓御史前去執行，有違抗命令、不按儀式規定做的就帶走治罪，在整個儀式過程中沒有敢喧嘩無禮的人。劉邦第一次感受到天子之威，大為高興地說：「我今天才知道做皇帝的尊貴啊！」這就是歷史上所說的「初訂朝儀」。

朝拜歲首的儀式過後，漢高祖劉邦賞了叔孫通五百斤金子，升任他為奉常（掌管禮樂社稷、宗廟禮儀）。叔孫通獲賞不忘當時與他一起練習禮儀的儒生，便向漢高祖劉邦說：「這件事還有我的弟子儒生的功勞，他們跟隨我很長時間了，和我一起練習禮儀，希望陛下賞他們一官半職。」於是漢高祖都讓他們做了郎中。叔孫通出宮後，把五百斤金子全都賞給了他的弟子。這件事之後，文武百官紛紛效仿，都按照禮儀辦事，漢朝的禮儀才得以慢慢傳播開來。

　　漢朝在建立之初，沒有禮節的約束，文臣武將不按禮儀辦事，缺乏有效的管理，統治一片混亂，透過叔孫通的治理，整個社會變得井然有序。這就說明了完善的管理制度對於一個社會的重要。

　　企業發展也是如此。一個有規範的企業，首先必須要有規範的管理制度。如果一個企業沒有完善且良好的制度，也許在一段時間內它能夠運轉下去，甚至在某一階段上看還會顯得很有效率，但是從長遠的眼光來看，它是無法立足的。

　　良好的管理制度能夠規範企業的日常運作，能夠保證工作的流程和效率，同時還能為突發事件做出有效的備案，是一個企業生存和發展的基本保證之一。

熊彼特（1883年～1950年）
畢業於維也納大學，後來到英國遊學。1907年，他出版了第一部著作《理論經濟學的本質與內容》，這使他成為歐洲經濟學界的名人。1909年熊彼特回到奧地利，在格拉茲大學任教，並於1912年出版了他最重要的著作《經濟發展理論》。正是在這本書中，他提出了奠定他一生事業基礎的創新理論。

孟嘗君得士
——模糊用人藝術

模糊管理原理在用人上在於使組織內的員工充分發揮完成工作所需要的聰明才智，而不涉及他們工作以外的事。

孟嘗君，姓田名文，戰國時齊國貴族。是戰國時齊國宗室大臣田嬰之子，田嬰死後，田文承襲父親的爵位，並封於薛（今山東滕州市東南）邑，被稱為薛公，號孟嘗君。

戰國時期，兼併戰爭非常激烈，各國統治者為了維護自己的統治，迫切需要網羅人才，培植親信，擴大自己的勢力，所以當時「養士」的風氣盛行。而養士最多的，則是當時的「戰國四公子」（信陵君魏無忌、春申君黃歇、孟嘗君田文、平原君趙勝）。

孟嘗君在薛邑也招攬各諸侯國的賓客以及犯罪逃亡的能人志士。他對待賓客非常平等，他的食客有幾千人，不分貴賤，待遇一律與自己相同。孟嘗君每次接待賓客，與賓客坐著談話時，都要在屏風後安排侍史記錄孟嘗君與賓客的談話內容，記載賓客親戚的住處。當賓客離開後，孟嘗君就派使者帶著禮物到賓客親戚家裡撫慰問候。

有一次，孟嘗君招待賓客吃晚飯，有個僕人不小心遮住了燈光，他面前的那個賓客以為是自己比其他人吃的差，所以才故意遮住燈光的，於是放下碗筷就要辭別而去。孟嘗君馬上站起來，親自端著自己吃的飯與他的相比，見到孟嘗君碗中一模

一樣的飯菜，那個賓客慚愧得無地自容，刎頸自殺表示謝罪。經過此事之後，各國的賢士們都願意歸附孟嘗君，而孟嘗君對於來到門下的賓客都熱情接納，不挑選，無親疏，一律給予優厚的待遇。所以賓客都對孟嘗君忠心耿耿。

秦昭王聽說孟嘗君賢能，就想讓他做秦國的宰相，於是先派自己的弟弟涇陽君到齊國做人質，並請求見孟嘗君。孟嘗君見秦昭王態度誠懇，就想去秦國，然而他的賓客都不贊成。有個賓客還爲孟嘗君分析了當時的情況，秦國是戰國首霸，做事出爾反爾，如果孟嘗君執意要去的話，如果回不來，就會被人嘲笑。孟嘗君聽後，覺得很有道理，於是打消了去秦國的念頭。

齊湣王二十五年（西元前299年），齊湣王派孟嘗君出使秦國，孟嘗君被迫入秦。秦昭王立即讓孟嘗君擔任秦國宰相，孟嘗君無法拒絕，只好留在了秦國。不久，秦國的大臣勸秦王說：「孟嘗君出身貴族，在齊國有封地、有家人，怎麼會眞心爲秦國辦事呢？」秦昭王覺得有理，便把孟嘗君和他手下的人軟禁起來，想要找個機會把他殺掉。

孟嘗君知道情況危急，就派人冒昧地去見昭王的寵妾請求幫助。這個寵妾答應幫助孟嘗君，但有一個條件，就是希望得到那件白色狐皮裘。那件白狐裘是孟嘗君剛到秦國時送給秦昭王的禮物，價值千金，天下根本沒有第二件。這下孟嘗君爲難了。這時，孟嘗君的一個門客自告奮勇：「我能把白狐裘找來！」

原來這個門客善於披狗皮偷東西。他先摸清情況，然後化妝成狗鑽進秦國的寶庫把狐裘偷出來了。妃子見到白狐裘高興極了，便說服秦昭王放了孟嘗君。秦昭王還準備過兩天爲他餞行，送他回齊國。

孟嘗君怕夜長夢多，立即帶領手下人連夜逃走。到了涵谷關時（在現在河南省靈寶縣，當時是秦國的東大門）正是半夜。按秦國的法律規定，每天雞叫才開關

門。大家正發愁的時候，又有一個賓客挺身而出，他學著雞「喔，喔，喔」的叫了幾聲，唯妙唯肖，很快城關外的雞都跟著啼叫了。守關的士兵聽到雞叫，便打開關門，放他們出去了。

天亮了，秦昭王得知孟嘗君一行已經逃走，立刻派出人馬追趕。追到函谷關，孟嘗君已經出關多時了。

從此以後，賓客們都佩服孟嘗君廣招賓客，不分人等、平等對待的做法。

孟嘗君靠著雞鳴狗盜之士逃回了齊國，這是孟嘗君用人的高明之處。企業管理者也應像孟嘗君一樣用人不求人的完美，用人所長，不計其短，從大處著眼，不求全責備。這就是模糊用人的藝術。

人無完人的模糊用人藝術是來自於對人的本質、個性等現實差異的深刻認識。現實生活中完美的人是不存在的，每個人都有自己的長處和缺點，如何揚長避短應是用人的關鍵。

用人不求全責備，正是基於對人本質的不同的社會規定性，它體現了對人的存在、尊嚴、價值的理解和尊重，即組織中的每一個人都應受到平等待遇、給予公平的機會。

　　堅持人無完人，用人之長，人盡其才，才盡其用，就是要在組織管理中實現最佳的配合。這種人格與工作的搭配能使員工產生很高的工作滿意度，最大限度地調動員工的積極性、主動性和創造性。

伊戈爾‧安索夫（1918年～2002年）
戰略管理的鼻祖。1918年，安索夫出生於符拉迪沃斯托克。1957年，提出了「產品市場匹配」的概念。1963年，45歲的安索夫進入卡內基‧梅隆大學經營管理研究所，從事專業的戰略管理研究和教學。1979年，出版《戰略管理論》，是公認的戰略管理開山之作。身為戰略管理的一代宗師，他首次提出公司戰略概念、戰略管理概念、戰略規劃的系統理論、企業競爭優勢概念，以及把戰略管理與混亂環境聯繫起來的權變理論。

子產治國──柔性管理

柔性管理雖然並不強調進行一些硬性的規定，用制度、法規等來約束人們的行為，但柔性管理不等於放任，在實施柔性管理的時候也要注意一些基本的原則。

子產（？～西元前522年），複姓公孫，名僑，字子產，又字子美，鄭國人稱他爲公孫。春秋時期鄭國的政治家和思想家。被清朝的王源譽爲「春秋第一人」。

根據記載，子產出生於鄭國的貴族家庭，是鄭穆公的孫子。他從小就很聰明，有很成熟的政治見解。鄭簡公元年（西元前565年），子產的父親率軍攻打蔡國，大勝而歸，鄭國人都非常高興。然而子產卻指出攻打蔡國將導致楚國的攻伐和晉國的反擊，會使鄭國夾在中間而飽受戰爭的侵襲，表現出了成熟的政治遠見。後來，他的預言果然應驗了。

兩年後，子產的父親在貴族內訌中被殺，鄭簡公也被劫持到北宮。子產沉著機智，經過周密部署，率領家兵攻打北宮，並在國人的支持下平息了變亂，穩定了政局。鄭簡公十二年（西元前554年），子產被立爲卿。子產是一位務實的政治家，他順應局勢的變化而從事必要的改革，承認私田的合法性，向土地私有者徵收軍賦，以確保有足夠的軍費供應和補給；他將刑書鑄於鼎上，成爲中國最早的成文法律；知人善任，在治理國家上採用以柔克剛的方法，將鄭國治理得井然有序；他主張保留「鄉校」（鄉校是古時候朝廷設在鄉間的公共場所，既是學校，又是鄉人聚會議事的地方。）、允許國人議論政事，並從中汲取有益的建議。在中國傳統等級制度下的政治專制，能夠有鄉校這樣一個場所讓老百姓無所顧忌、暢所欲言地議論統治者，是需要很大的氣魄和開闊的胸襟，能做到這一點，實屬不易。在幾千年的傳統

社會中是很少見的。

　　剛開始徵收軍賦的時候，鄭國的人都怨聲四起，沸沸揚揚，甚至有人還揚言要殺死子產。鄭國的大臣中也有不少人站出來表示反對，而子產並不理會這些，他也不做過多的解釋，只是耐心地等待事態的發展。子產說：「我們應該以國家利益為重，必要時需要犧牲個人利益，完成國家利益，所以就算我的名聲壞點也無所謂。我聽說做事應該有始有終，不能虎頭蛇尾。做事有頭無尾必然會一事無成，所以，我必須堅持將這件事做完。」於是軍賦還是照常徵收。然而由於子產還採取了振興農業的辦法，農業得以發展，百姓生活得到了改善，老百姓們由怨到讚，大力支持改革，積極繳納軍賦。

　　子產還在鄭國各地遍設鄉校，在鄉校裡人們言論自由，因此老百姓在做完工作之後，都會來到鄉校進行討論，議論政治措施的好壞，實施的情況等。有人擔心長期下去會影響統治，便建議取締。子產卻說：「為什麼要取締？老百姓做完工作回來到這裡聚一下，議論一下施政措施的好壞。老百姓支持的，我們就應該大力推行；老百姓反對的，我們就應該找出不足並加以改正。這是我們瞭解百姓想法的地方，為什麼要毀掉它呢？我聽說過盡力做好事以減少怨恨，沒聽說過倚仗權勢來防止怨恨。難道很快杜絕這些議論不容易嗎？只是那樣做就像堵塞河流一樣：河水大決口造成的損害，傷害的人必然很多，我是挽救不了的；不如開個小口疏導。我們聽取這些議論，就像是把它們當作治病的良藥，以消除政治上的弊端。」建議取締鄉校的人說：「我們現在才知道您確實是做大事的人。我們確實沒有您的才能與見識。按照您說的做，鄭國就真的有了依靠，獲利的豈止是我們這些臣子，是鄭國全國的老百姓啊！」

　　孔子聽到這番話，感慨地說：「由此看來，人們說子產不仁愛，我是不相信的。」

子產正是採用了以柔克剛的為政之道，使得改革措施得以實施，大大增強了鄭國國力。在對待老百姓反對徵收軍賦這件事情上，子產遠見卓識，委婉並且生動深入地說明了事理，體現了一個優秀謀略者的風範。

子產的做法啟發了那些盲目自信的自作聰明者。他們認為只有用強硬的手段治理才能達到效果，其實不然，我們為人處事不能簡單粗暴，要像子產對待鄉校的問題那樣採取疏導的方式，既讓百姓參與討論政治，充滿了自主意識，又讓朝廷瞭解人民的願望，得以更好的治理國家，達到了無為而治的目的，這正是子產運用「柔性管理」的作用。

「柔性管理」是相對於「剛性管理」提出來的。「剛性管理」是以「規章制度為中心」，用制度約束管理員工。而「柔性管理」 則以「人為中心」，對員工進行人格化管理。在現代管理中，柔性管理發揮了越來越重要的作用。柔性管理宣導對員工進行人文關懷、人格尊重，必然會提升團隊的凝聚力與創造力。

隨著資訊技術的不斷發展，組織結構扁平化、管理方式柔性化是知識型管理的趨勢，而柔性化管理則代表了未來企業管理的潮流和走向。

麥可‧波特
是哈佛大學商學研究院著名教授，當今世界上少數最有影響力的管理學家之一。他曾在1983年被任命為美國總統雷根的產業競爭委員會主席，開創了企業競爭戰略理論並引發了美國乃至世界的競爭力討論。他擁有很多大學的名譽博士學位。麥可‧波特博士獲得的崇高地位緣於他所提出的「五種競爭力量」和「三種競爭戰略」的理論觀點。身為國際商學領域備受推崇的大師之一，麥可‧波特博士至今已出版了17本書及70多篇文章。

曲突迻薪——價值管理

價值管理就是根據組織的目標遠景，管理者對價值的驅動因素和實現環節進行規劃、控制和協調，使之符合組織目標要求的管理活動。

霍光是西漢歷史發展中的重要政治人物。漢宣帝是霍光所立，所以朝中大小事情都要霍光來決定。漢宣帝在民間時，娶了一個小官的女兒許平君，即位後，宣帝想要立許平君為皇后，然而霍光的妻子想讓自己的女兒成為皇后，便買通御醫，毒死了已經懷孕的許皇后。於是漢宣帝只能立霍光的女兒為皇后，霍氏家族更是顯貴。

當時有個名叫徐福的人，上奏章給漢宣帝，希望宣帝能夠抑制霍氏家族的勢力，不要使之發展到不可收拾的程度而遭致滅亡。徐福在奏章上說：「霍家掌權的時間太長了，他們的子孫人人封侯，連霍家的女婿都掌握了兵權，權勢實在太大了，他們連皇上都不放在眼裡。皇上如果不採取措施抑制他們的勢力，說不定霍家要走上反叛滅族之路呀！」但一連上了三次奏章，皇帝都不聞不問。西元前68年，霍光去世，兩年後，霍家的人試圖發動政變，結果事情敗露，霍家毒殺許皇后的事也被揭露，於是霍家被滅族，霍皇后也被廢。

事後漢宣帝重賞了告發霍光的人，唯獨沒有賞賜三次上書的徐福。有個大臣為徐福抱不平，上書給漢宣帝，講了一個故事：「我聽說古時候有一個客人去拜訪一家主人，他見那家人的廚房裡煙囪做得很直，一燒飯就直冒火焰，而灶門旁邊還堆了許多柴草。這個客人看到這種情況，就勸主人把煙囪改成彎曲的，把柴草搬到離灶遠一些，不然容易引起火災。主人聽了，卻當作耳邊風。不久，這家人果然失火

了，幸虧鄰居們趕來搶救，才把火撲滅了。事後，主人設宴酬謝救火的鄰居，而那個勸他改修煙囪和搬走柴草的人卻沒有被邀請。於是有人對主人說：『如果你早聽那個客人的話，就不用備辦酒席，更不會發生這場火災。今天你按功勞大小來請客酬謝大家，而那個勸你改造煙囪、搬走柴草的人卻沒有得到你的感謝，只把燒得焦頭爛額的人當作上等客人，這是什麼緣故呢？』主人聽後恍然大悟，趕緊把那個人請來。徐福三次上書陛下，指出霍家權勢太重，應該防止他們走上謀反的邪路。如果皇上採納了徐福的意見，限制了霍家的權力，那麼，霍家就沒有力量謀反了，也不致遭到滅族之禍，國家也就沒有必要拿出大量的土地和官侯去分封眾人。可是，陛下卻偏偏不賞徐福，這和遭到火災的主人唯獨不請提建議的客人赴宴一樣，是不公平的。這樣，以後誰還敢冒著危險上書陛下，去揭露您身邊潛伏著的隱患呢？徐福多次上書指出霍氏陰謀叛亂，要防患於未然，杜絕後患。徐福的意見如果能夠實行，國家既不致以土地來分封功臣和賞賜爵祿，大臣也不致因叛亂而被誅殺滅族。希望皇上對於有預見性的建議應該加以重視，並應該讓建議者居於事後奔忙勞碌的人們之上。」

漢宣帝覺得這個人說得合情合理，就下令重賞徐福，還讓他當了郎官。

故事告訴我們，對於未知事故的預見和防範，能夠消除產生事故的因素。同時故事也反映了古人對事物價值的一些認知，有些認知在今天依然具有實質意義。

價值是一個關係範疇，它是客體對於主體的意義或效用，也是主體對利益、效

用程度的衡量尺度。而價值管理的意義正是在於它可以促使人們對價值問題進行思考，進而揭示價值邏輯，建構價值評估體系，規範價值取向，最終合理的打開追求價值思維。

　　價值管理要求企業培育一種以價值為取向的方法來進行領導和管理，也就是說採取一種局外人的商業觀，來追求股東價值的最大化，並將之制度化。

查理斯‧漢迪

1932年出生於愛爾蘭，是歐洲最偉大的管理思想大師。英國《金融時報》稱他是歐洲屈指可數的「管理哲學家」，並把他評為僅次於彼得‧德魯克的管理大師。如果說彼得‧德魯克是「現代管理學之父」，那麼查理斯‧漢迪就是當之無愧的「管理哲學之父」。查理斯‧漢迪管理思想的一大特色，就是注重不同管理文化的有機融合，他自己稱之為「文化合宜論」。以文化帶動管理，以管理發展文化，組織與個體並重、利潤與道義共存，這些是非常富有實質指導意義的。

分粥──完善管理制度

任何一個成功的機構、組織、企業的背後，一定有它們規範性與創新性的管理制度做為支援，在規範性地管理著日常活動，保證流程和效率，並為突發事件做出有效的備案。

從前有七個和尚住在一起，他們每天一起做功唸經、擔水砍柴、做飯洗衣。這七個和尚天天早上喝粥，天天要分粥。但是僧多粥少，粥總是不夠吃，每個人都覺得自己喝到的粥是最少的，大家總是會為了分粥而爭吵。這樣吵來吵去也不是辦法，於是大家開始靜下心來商量辦法。

第一個和尚出了一個主意說，七個人應該輪流值日，每人每天分一次粥，大家一聽，都覺得自己有分粥的權力，於是都同意第一個和尚的辦法。七個人分了七天粥，大家又發現了一個現象，那就是，只有每個人在自己分粥的那天才能吃飽，其他六個人還是吃不飽。這是因為，每天的分粥人總是先給自己盛出一大碗粥，然後再把粥平均分給其他六個人。這樣大家又覺得不公平了，於是這七個和尚又開始研究對策。

第二個和尚接著出了一個主意說，應該推選出一位德高望重的和尚來分粥。剛開始這位德高望重的和尚不負眾望，公平、公正的給大家分粥。但是時間一久，有人爲了讓分粥的和尚給自己多分點，就千方百計地討好分粥的和尚，使得賄賂成風，本來公正、公平的和尚也開始變得腐敗。爲了改變這種局面，這七個和尚又開始商討對策。

有鑑於上兩次的經驗，爲了有效的監督分粥人，有一個和尚建議建立一個分粥委員會，於是大家決定組成3人分粥委員會及4人的評選委員會，但他們又常常互相指責，覺得對方的意見是自私的行爲，這樣爭來爭去，等粥吃到嘴裡全是涼的了。

最後，他們終於想到了一個好辦法：輪流分粥，但分粥的人要吃最後一碗粥。這個制度制訂以後，輪到分粥的那個和尚，爲了不讓自己吃到最少的，所以盡量會將粥分得平均。問題就這樣解決了，這七個和尚快快樂樂、和和氣氣的住在一起，再也沒有爭吵過，日子越過越好了。

故事裡的和尚們，都期望自己得到的更好，每個人都不肯吃虧，於是總是無法滿意別人的分配，所以，採取不同的分配方式，就會產生不同的效果，只有採取公平、公正的分配方式的時候，才能讓大家都滿意，並嚴格的遵守這一規則。所以，如何制訂一個公平的分配制度才是解決問題的關鍵。

制度是用來規範和約束人們行爲的一項措施。每項制度從制訂到成爲人們普遍和主動遵守的行爲準則，要經過一定的過程，首先，一個制度的制訂要達成共識，制度實際上是一種契約，爲了實現企業目標的契約，所以一個制度要建立在被員工廣泛接受的基礎之上，和尚分粥同樣如此，首先要確立一個分粥制度使大家都覺得是公平的，是得到大家共同認可的；其次，一項制度是否制訂得合理有效，需要在實施過程中檢驗，制度在實施過程中會不斷補充、改進，以達到最佳效果。「分

粥」辦法的每個演變過程都是團體的成員互動協商的結果，是充分發揚民主、相互磋商、統一思想認知和行動的過程，也只有這樣，才能達到建立完善制度的目的。

加里‧哈默爾

出生於1954年，他是Strategos公司的董事長暨創辦人，也是前倫敦商學院戰略及國際管理教授。他是戰略研究的最先端大師，被《經濟學人》譽為「世界一流的戰略大師」；《財富》雜誌稱他為「當今商界戰略管理的領路人」；在2001年美國《商業週刊》「全球管理大師」的評選中，他名列第四，可謂聲名顯赫。戰略意圖、核心競爭力、戰略構築、行業前瞻，這一系列影響深遠的革命性概念，都是由他提出的，進而改變了許多知名企業的戰略重心和戰略內容。

蝴蝶效應——危機管理

危機管理是企業為應對各種危機情境所進行的規劃決策、動態調整、化解處理及員工培訓等活動過程。

一隻南美洲亞馬遜河邊熱帶雨林中的蝴蝶，偶爾搧幾下翅膀，就有可能在兩週後引起美國德州的一場龍捲風。這就是美國氣象學家洛倫茲提出來的「蝴蝶效應」。當時，洛倫茲為了預報天氣，用電腦求解仿真地球大氣的13個方程式，他把一個中間解取出，提高精度再放回去，以便更細緻的知道結果。然而計算結果卻令他大吃一驚，原本很小的一個差異，結果卻相差十萬八千里。洛倫茲經過進一步的實驗研究認定，他發現了一個新的現象，那就是「對初始值的極端不穩定性」，即「混沌理論」，又稱「蝴蝶效應」。因此，蝴蝶效應是指在一個動力系統中，初始條件下微小的變化能帶動整個系統長期的巨大的連鎖反應。

通俗的說，「蝶蝴效應」指的是：如果對一個微小的疏漏不以為然或聽任發展，事情就會像多米諾骨牌那樣引起連鎖反應。也就是說一顆雪球可能引發一場雪崩，一根火柴可以燃燒整座森林。

　　拿破崙，這個在18、19世紀橫掃整個歐洲大陸的天才軍事家，憑藉其卓越的軍事才能，歷經大大小小的戰役，佔領了西歐和中歐的大部分領土。然而，就是這樣一位不世出的領袖，卻意外的折戟於小小的滑鐵盧鎮，遭遇到了他人生中的第一場，也是最後一場大敗，鬱鬱而終於聖赫勒拿島。

　　當所有人都在為拿破崙在這場戰役中出乎意料的失敗指揮而奇怪的時候，歷史學家理查・札克斯卻提出了這樣一個解釋──痔瘡。正是這小小的常見疾病，成為了那隻蝴蝶的翅膀，最終改變了法國乃至全世界的歷史。

　　痔瘡一直是困擾著拿破崙的噩夢，經常在馬上奔走的他沒辦法安靜的躺下來治療他的隱疾，在滑鐵盧大戰的前夕，連續的騎馬奔波讓他的痔瘡復發以致肛裂，這讓他無法騎馬外出視察軍隊，也無法與戰地軍官們商討戰爭局勢，甚至昏頭昏腦的做出了錯誤的指揮，根據理查・札克斯的研究，那是因為當時的拿破崙為了止痛而在帳篷裡抽著鴉片菸。

　　想想如果沒有這次痔瘡的發作，事情會怎麼樣發展？拿破崙贏得了滑鐵盧之戰，那麼法國的歷史將被改變，而整個世界的歷史也將隨之改變。所以說，一次痔瘡的發作換來了今天的世界歷史。

　　蝴蝶搧動翅膀都有可能引起龍捲風，那還有什麼不可能的呢？「沒有什麼不可能的」，恐怕這就是「蝴蝶效應」給我們最大的啟示。

　　由蝴蝶效應我們可以看出，一些看似微小的事物可能會造成巨大的連鎖反應，有可能造成整個組織的大危機。所以身為一個組織的管理者，要注重細節、防微杜漸，否則等到造成大的錯誤就追悔莫及了。也就是說，管理者一定要有危機意識。

　　一個企業在順利發展的時期，就應該有強烈的危機意識和危機應變的心理準

備，建立一套危機管理機制，對危機進行檢測。其實，大多數的企業危機在爆發前都會有一定的徵兆，因此能夠迅速的產生反應，將可以避免的危機消滅在萌芽階段，或者是透過預警機制即時的進行解決，將企業損失減少到最低的程度。

彼得・聖吉

1947年出生於芝加哥。1990年出版了《第五項修練》，它在全世界範圍內引發了一場創建學習型組織的管理浪潮。美國《商業週刊》也因此而推崇聖吉為當代最傑出的新管理大師之一。《第五項修練》是理論與實踐搭配的一套新型的管理技術方法，是繼「全面品質管制」（TQM）、「生產流程重組」、「團隊戰略」之後出現的又一管理新模式，被西方企業界譽為21世紀的企業管理聖經。

格羅培斯的難題
──以人為本

管理從最根本的意義上說，就是對人的管理，即調動人對物質資源的配置和盈利能力的主動性、積極性和創造性。

格羅培斯是20世紀最重要的現代設計家、設計理論家和設計教育的奠基人。格羅培斯在設計領域方面闡述了一種新觀點，即將藝術和工業融合在一起。他們對學生在實際工藝操作方面要求相當嚴格，正是這種方法和技術使格羅培斯成為「最偉大的組織者」。

在格羅培斯的眾多作品中，關於他設計迪士尼樂園道路的故事是最為人所津津樂道的了。

當時，迪士尼樂園經過了3年的施工，馬上就要對外開放了。然而各景點之間的道路該怎樣舖設，卻一直沒有具體的方案。對迪士尼樂園各景點之間的道路安排，他已修改了50多次，沒有一次是讓他滿意的。

離開放時間越來越近了，格羅培斯心裡更加焦躁。他讓司機駕車帶他去地中海海濱，想清醒一下，把方案確定下來。

當他們的車子進入一個小山谷時，發現在那裡停著許多車子。原來這兒是一個無人看管的葡萄園，你只要在路邊的箱子裡投入5法郎就可以摘一籃葡萄上路。據說這座葡萄園主是一位老太太，她因年邁無力管理而想出這個辦法。剛開始她還擔心這種辦法能否賣出葡萄。誰知在這綿延百里的葡萄產區，她的葡萄總是最先賣完。

看到眼前的葡萄園，格羅培斯忽然靈機一動，他馬上叫司機開車返回住地。

回到住地，格羅培斯給施工部發了一封電報：撒上草種提前開放。施工部按要求在樂園撒了草種，沒多久，小草長出來了，整個樂園的空地都被綠草覆蓋。五個月後，樂園裡綠草如茵，草地上也被遊客踏出了不少寬窄不一的小路——行人多的地方就寬、行人少的地方就窄，並且非常幽雅自然。第二年，格羅培斯讓人按這些踩出的痕跡舖設了人行道。

格羅培斯根據這些行人踏出來的小路舖設的人行道，在後來世界各地的林園設計大師們眼中成了「幽雅自然、簡捷便利、個性突出」的優秀設計。

其實，在生活中，有時不必去太刻意雕琢，順其自然才是最佳選擇。

有人問格羅培斯為什麼這樣設計迪士尼樂園的道路，他說：「藝術是人性化的最高體現，最人性的，就是最好的。」

管理亦是如此，尊重人性，是管理之本。以人為本，必須把人看做是組織中最重要的資源，人是組織存在和發展的根本；企業要尊重組織成員的人格、尊嚴、存在價值和創造性潛力，並讓全體工作人員產生組織責任承擔者的主動意識；公平地對待所有員工，關心他們的發展與進步。

　　透過對人的管理，其最終目的就是調動人的積極性。人的積極性調動了，才會產生新的思想和觀念，才會在工作中有新的發明和創造，導致新的方法和技術的革新，管理的目標和任務就會提前完成。

艾爾佛雷德・D・錢德勒（1918年～2007年）
偉大的企業史學家、戰略管理領域的奠基者之一。在他之前，企業史研究大多是關於個別企業和個別企業家的故事。而錢德勒在眾多案例的基礎上，提出具有一般性理論意義的主題，「將企業史建立成了一個獨立且重要的研究領域」，並對經濟學、史學、管理學、社會學等產生了廣泛而深遠的影響。

富翁之死
——管理的靈活性

制度的作用在於各司其職，然而管理的真正內涵恰恰在制度之外，也就是對異常的應變，而應變的標準是始終把握住組織的根本利益與核心目標。

　　某一個多天，特別的冷，有一位年邁的富翁坐在自己別墅的爐火旁豪華的座椅上取暖，熊熊的火焰照亮了富翁的臉龐，漸漸地他覺得身上發燙、臉上發熱，這是因爲爐火燒得太旺了。

　　富翁回頭看了一下，今天應該有四個傭人服侍，怎麼只來了三個？他問怎麼那個傭人沒來。其中一個傭人告訴富翁，那個傭人跟管家請假了。

　　富翁想離開爐火，可是別的地方實在是太冷了，沒辦法，他只得繼續坐在豪華的座椅上對著爐火。富翁就這樣坐了一上午。

　　到吃午飯的時間了，富翁頭暈得怎麼也站不起來。富翁的管家叫來了醫生，醫生給富翁測量了一下體溫，富翁高燒達39.4℃！醫生說這是因爲富翁離爐火太近而造成的。

　　高燒引起了一連串的併發症，富翁的病情已經非常嚴重了，醫生也無能爲力了。在富翁彌留之際，醫生不解地問富翁：「你有這麼多傭人，爲什麼不讓他們把

座椅往後挪一挪,離爐火遠點呢?」

富翁艱難地告訴醫生:「這件事不能怪他們,他們都是有分工的,今天負責把椅子往後挪的傭人請假沒來。」

醫生看著奄奄一息的富翁無可奈何。

富翁的死是沒有依據具體情況行事的結果。因此在管理中,要注意權變管理的運用。

權變管理認為,並不存在一種適用於各種情況的普遍的管理原則和方法,管理只能依據各種具體的情況行事。管理人員必須經常研究組織外部的經營環境和內部的各種因素,掌握好這些因素之間的關係及其發展趨勢,進而決定採用哪些適宜的管理模式和方法。

佛雷德·菲德勒
美國當代著名心理學家和管理專家。他經過15年的調查研究,提出「有效領導的權變模式」,使一時盛行的領導形態學理論研究轉向了領導動態學的新軌道。他指出,影響領導理態有效性的有以下三個環境因素:領導者和成員的關係、職位權利,以及任務結構。利用這三個權變變數,可加權出八種不同的情境或類型。

施氏與孟氏──求實管理

按照管理權變原則，管理的有效與否，既不決定於管理者的個人素質，也不決定於某種固定不變的管理行為，而是取決於管理者是否適應所處的具體環境。

魯國有一對鄰居，一家姓施，一家姓孟。姓施的一家有兩個兒子，一個愛好學問，另一個愛好兵法。愛好學問的那個兒子去遊說齊國國君，為他宣講仁義之道，齊王聽得很合心意，接納了他，並讓他擔當眾公子的老師。愛好兵法的那個兒子則去了楚國，他以兵法來遊說楚王，楚王很欣賞他的用兵之道，遂任命他為軍師。兩個兒子都獲得了高官厚祿，施家變得富有起來，家人們也因此而覺得榮耀無比。

孟家生活貧困，想到自己同樣也有兩個兒子，同樣是一個愛好學問，一個愛好兵法，卻無法獲得同樣的名利，於是就前來施家請教致富之道。施家的兩個兒子據實告訴他們。

於是，孟家的一個兒子到了秦國，以仁義的道理遊說秦王。秦王大怒道：「當前諸侯征戰激烈，最迫切需要的應該是練兵與籌餉。倘若用仁義來治理我國，豈不是自取滅亡。」於是，秦王就對他施行了宮刑，然後釋放了他。

孟家的另一個兒子前往衛國，以兵法遊說衛國的國君。衛王說：「我衛國只是個很脆弱的國家，而且正夾在大國之間，對於大國，我們要服從他們；對於小國，我們要安撫他們，這才是我們求取平安的方法。倘若依靠兵力，那麼我們離亡國的日子就不遠了。如果讓你全身而退，你再到別國遊說，那對我國可能造成不小的禍害啊！」衛王遂命人砍掉了他的雙腳，再逐回魯國。

孟家的兩個兒子回到魯國後，他們父子捶胸頓足地向施氏抱怨。

施氏說：「舉凡能把握時機的就能昌盛，而斷送時機的就會滅亡。你的兒子們跟我的兒子們學問一樣，但建立的功業卻大不相同。原因是他們錯過時機，而非他們在方法上有何錯誤。況且天下的道理並非永遠是對的，天下的事情也非永遠是錯的。以前所用，今天或許就會被拋棄；今天被拋棄的，也許以後還會派上用場。這種用與不用，並無絕對的客觀標準。一個人必須能夠見機行事，懂得權變，因為處世並無固定法則，這些都取決於智慧。假如智慧不足，即使擁有孔孟那麼淵博的學問，擁有姜尚那麼精湛的戰術，哪有不遭遇挫敗的道理？」

孟家父子聽完這番道理，頓時怒氣全消，並說道：「我們懂這個道理了，請不必再說了！」

孟氏二子的悲哀在於違反了實事求是的原則，他們沒有從實際出發，去研究具體的情況，而是固守他法，沒有一點靈活性。

身為一個管理者，應該明白一個道理，那就是管理並不存在一個固定的模式解決所有問題，問題的複雜性和特殊性決定了必須依據具體的特殊情況制訂相對的管理方法，才能進行有針對性的行之有效的管理。正所謂兵無常勢、水無常形、法無定法。管理也並沒有固定的方法，能夠針對問題、解決問題的方法就是好方法，因此，管理者應當學會隨機應變，選擇最適合解決問題，也最能創造價值的方法。

佛雷德‧盧桑斯
是權變理論學派代表人物，系統地介紹了權變管理理論，提出了用權變理論可以統一各種管理理論的觀點。著有《管理導論：一種權變學說》。權變管理就是依託環境因素和管理思想及管理技術因素之間的變數關係來確定的一種最有效的管理方式。

誰來管倉庫──管理的成本

成本是指為了達到特定目的所失去或放棄的資源。

有一家公司要淘汰一批落後的設備，但是這些設備不能丟掉，於是董事會決定把這些設備找個地方放好，公司就專門為這批設備修建了一間倉庫。倉庫修建好了以後需要有人看管，於是董事會決定找個人來看管倉庫。

但是董事會的人又發現了新的問題，如果倉庫的管理員怠忽職守怎麼辦。於是董事會又派了兩個人過去，成立了企劃部，一個人負責下達任務，一個人負責制訂企劃。

董事會中有人說：「我們應該隨時瞭解這三個人的工作情況。」於是董事會再次派了兩個人過去，成立了監督部，一個人負責績效考核，一個人負責寫總結報告。董事會中又有人說：「不能搞平均主義，收入應拉開差距。」全體董事都認為這是對的，於是又派了兩個人過去，成立了財務部，一個人負責計算工時，一個人負責發放工資。

接著問題又出現了：管理沒有層次，出了差錯誰負責？於是又派了四個人過去，成立了管理部，一個人負責企劃部工作，一個人負責監督部工作，一個人負責財務部工作，一個擔任總經理，管理部總經理對董事會負責。

年終時經過計算，倉庫一年的管理成本為35萬，這個數字太大了，董事會又開會討論倉庫的問題。討論的結果是這批落後的設備的價值絕對沒有35萬，這樣一來，就沒有必要為這批落後的設備設置專門的管理機構了。

一週後，倉庫的管理員被解雇了，倉庫的企劃部、監督部、管理部也都隨之撤銷了。

這個故事講的是著名的「苛希納定律」的現象。苛西納定律是指：如果實際管理人員比最佳人數多2倍，那麼工作時間就要多2倍，工作成本就要多4倍；如果實際管理人員比最佳人數多3倍，工作時間就要多3倍，工作成本就要多6倍。這條定律是西方著名學者苛希納研究發現的，所以命名為「苛希納定律」。

苛希納定律告訴了我們一個最簡單也最精確的道理，在管理上，並不是人越多效果就越好，有時往往還會產生反效果。很多企業機構虛設，人員過多，分工太細，導致管理權責不明、手續複雜、多頭管理等種種弊端，反而使得工作效率低下。因此，在企業設置上，應該找到一個最合適的人數，才能最大限度的減少無謂開支，降低成本，達到最好的效果，使企業利益最大化。

瑪麗・派克・福萊特（1868年～1933年）
她在20世紀初就提出了權威的情景規律。她試圖把對組織的服從和對人的服從分開，把權威非人稱化，即不應該由一個人給另一個人下命令，而應該是雙方都從情景接受命令。她的學說架起了古典管理理論和行為科學理論的橋樑，其主要思想集中在行政管理，提出整合與責任分擔問題，著有《動態的行政管理》等。

音樂趕走不速之客
——管理的藝術

管理具有藝術性，是因為對每個具體管理對象的管理沒有統一的模式，特別是對那些非程序的、全新的管理對象，則更是如此。

美國加州斯克托克城裡有一家酒吧，剛開張不久便遇到了麻煩。每天都有十幾個或留著長髮，或剃著光頭，奇裝異服的無業少年到酒吧門口來搗蛋，他們經常做出各種不堪的動作並吹口哨、發出刺耳的尖叫，讓想來光顧酒吧的顧客望而生畏，弄得酒吧的生意非常蕭條。

酒吧的女老闆沙曼薩十分頭痛，剛開始她以為這十幾個人只是暫時在自己的酒吧門口待著，過幾天就走了。為了不惹事生非，她便友好地把他們請進酒吧，可是這些人反而變本加厲，乾脆賴在這裡不走了。

女老闆覺得應該想個徹底解決問題的辦法，叫員警來嗎？不行，深諳世事的女老闆知道，員警把這夥人抓走只是暫時的，過幾天就會把他們放出來，等把他們放出來之後，他們還會回來的。

女老闆沙曼薩想了很久，最後決定高薪雇請兩個黑人來酒吧當保全，以此達到懲治這些無賴的目的。在剛雇請黑人來當保全的前幾天，這些無賴沒有出現。但是，事情並沒有結束，這些無賴在消失了幾天後又出現了，他們向這兩個黑人保全擠眉弄眼，做鬼臉，這兩個黑人保全被他們弄得啼笑皆非，但他們既然沒有做出什麼事，他們也無可奈何。看來黑人保全對這些無賴也起不了作用，而這兩位黑人保

全自知沒有解決問題，也辭職了。

正當女老闆正被這十幾個無賴弄得焦頭爛額時，她的老同學凱特來到酒吧探望她。沙曼薩告訴老同學自己的煩惱，凱特知道了這件事，也為沙曼薩煩惱，這時，她聽到酒吧放的迪斯可樂曲，突然想到了一個好主意，她對沙曼薩說：「為什麼不試著用音樂來解決這個問題呢？妳可以在酒吧門口不停的播放巴赫和貝多芬的古典音樂，用那種老舊的有雜音的唱片，把音量調到70分貝。這樣，那些喜歡流行音樂的無賴或許就會去別的地方。」

女老闆沙曼薩沒有別的辦法，便按照老同學的建議試一下。在播放了一段時間的古典音樂後，奇蹟出現了，那十幾個無賴無法忍受這些古典音樂便一個個地走了。

沙曼薩的酒吧終於可以正常營業了。

放幾首古典音樂，困擾了酒吧老闆沙曼薩很長時間的難題就這樣解決了。這就是管理的藝術。

管理是一種隨機的創造性工作，它不是科學，不要求得出一個肯定的、唯一的最佳答案，它也不限定解決問題的具體模式，管理者只需要在客觀規律的指導下，自由的發揮自己的靈活性，實施創造性管理，就能夠達到管

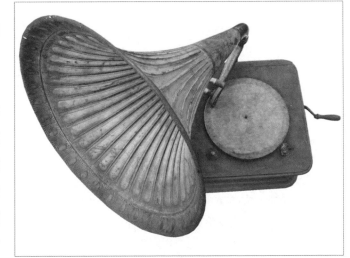

理的最佳效果。

同時，管理是對人的管理，因此在管理生涯中，經常會遇到各式各樣意料之外的事件，在這樣的情況下，管理者如何針對突發事件的特殊性隨機應變，快速做出相對的反應，是極為重要的。

所以，一個優秀的管理者，不僅需要戰略層面上的思維和運作，更需要策略層面上的靈活操作，只有一個個策略上的成功，才能最終取得戰略上的成功。

艾德佳·沙因

美國麻省理工大學斯隆商學院教授。在組織文化領域中，他率先提出了關於文化本質的概念，對於文化的構成因素進行了分析，並對文化的形成、文化的間化過程提出了獨創的見解。在組織發展領域中針對組織系統所面臨的變革課題開發出了組織諮詢的概念和方法。

吉德拉的改革——風險決策

風險決策是指存在一些不可控制的因素，有出現幾種不同結果的可能性，要冒一定風險的決策。

維托雷·吉德拉出生於義大利維切利市，畢業於都靈工業大學工程學系。他吃苦耐勞、機智聰穎、平易近人，於1956年進入飛雅特集團工作。

飛雅特汽車公司是義大利最大的汽車製造企業，也是世界最大的汽車公司之一，創辦於1899年。在這100多年的時間裡，它生產了300多種不同型號、4000多萬輛的汽車，在世界汽車業中佔有舉足輕重的地位。

20世紀70年代末，由於世界性經濟衰退的影響，飛雅特公司也隨之陷入了危機，飛雅特汽車的銷售量迅速減少，同時，飛雅特公司陳舊的規章制度、生硬不靈活的工作方法，服務系統也跟不上，這些都影響了飛雅特的聲譽。再加上工人不斷增長的工資，各方面的巨大開銷，使得飛雅特公司負債累累，陷入了前所未有的危機。

必須要找到解決公司危機的辦法，飛雅特集團董事長艾格尼龍在危難之際任命維托雷·吉德拉為飛雅特公司的總經理。維托雷·吉德拉當時47歲，他非常熱愛自己的事業，有豐富的管理、經營經驗，深受董事長艾格尼龍的器重。維托雷·吉德拉擔任總經理之後，大刀闊斧地進行一系列的改革。

吉德拉首先從管理人員入手，要求各部門的管理人員要懂得機械原理並熟悉本部門生產的全面情況，還要熟悉現代工業中廣泛應用的電子、電腦技術。

其次，吉德拉針對經營過於分散的情況，精簡海外機構，使得飛雅特能夠輕裝上陣，面對激烈的汽車市場的競爭。針對公司裡人浮於事、機構虛設的現象，吉德拉在大量裁員的同時，採取有效措施，降低曠工率，提高勞動生產率。

吉德拉還對公司的財務制度進行了改革，讓經銷商確立「自己必須承擔經營風險」的觀念。這一改革，減少了公司的汽車庫存量。吉德拉的一系列改革使飛雅特汽車公司很快從危機中解脫出來，進而使飛雅特汽車公司的銷售量一舉躍居歐洲第一位。

吉德拉進行戰略決策，大膽改革，採取收縮戰略，他還大膽革新技術，投資50億美元用於發展機器人，利用電腦和機器人來設計和製造汽車，1984年就使飛雅特的銷售額位居歐洲之冠。飛雅特終於在吉德拉的正確戰略指導下，起死回生，大振雄風。

吉德拉進行戰略決策，大膽改革，是具有風險的，吉德拉正是運用正確的方法才使改革成功的。

　　當面對著不確定的未來，決策者無法全面掌握具體的客觀情況，但卻對將發生事件的機率有著初步瞭解的時候，面對兩個以上的行動方案，決策者往往需要透過調查研究，根據個人經驗或者主觀估計等途徑來確定行動方案。因為行動方案的實施結果其損益值是不能預先確定的，因此只能依靠投資者所掌握的資訊、經驗及態度來採用不同的決策方案。

查理斯·巴貝奇（1792年～1871年）
科學管理的先驅，他進一步發展了亞當·斯密的勞動分工思想，提出了在科學分析的基礎上可能測定出企業管理的一般原則，體力和腦力勞動分工主張，勞資關係協調，並發明了計數機器。著有《論機械和製造業的經濟》。

帕帕斯蒂島上的鎖
——公平管理

公平理論的基本觀點是：當一個人做出了成績並取得了報酬以後，他不僅關心自己所得報酬的絕對量，而且關心自己所得報酬的相對量。因此，他要進行種種比較來確定自己所得報酬是否合理，比較的結果將直接影響今後工作的積極性。

有兩個西班牙人，一個叫岡薩雷斯，一個叫拉莫斯，這兩個人是做防盜門和防盜鎖生意的。有一次透過海路運送貨物時，在途經帕帕斯蒂島時遇到了颱風，他們那裝滿了防盜門和防盜鎖的船隻在那裡拋了錨。

於是他們決定向島上的土著居民求救，可是那些土著居民會幫助他們嗎？如果他們兩個突然出現在帕帕斯蒂島上，那些土著居民會不會驅逐外來人呢？這些問題使得岡薩雷斯和拉莫斯不敢貿然上島，但是有什麼辦法可以取得這些土著居民的信賴呢？經過商議，岡薩雷斯和拉莫斯決定將他們的食物送給那些土著居民，以便取得他們的信任，並讓他們幫忙把船修好。

住在帕帕斯蒂小島上的土著居民果然對食物很感興趣，很快便有人拿著斧頭、砍刀等工具來給岡薩雷斯和拉莫斯修船了。

畢竟是生意人，岡薩雷斯和拉莫斯在那些土著居民為他們修船的時候，推銷起了他們的防盜門和防盜鎖。土著居民摸了摸那些門和鎖，笑了笑，又放下了。他們的舉動讓岡薩雷斯和拉莫斯十分不解，莫非他們嫌我們的門和鎖做得不牢固？後來

他們才知道，事實並非如此，對於純樸的當地人來說，他們的食物都是平均分配的，每家擁有的東西都一樣，也就根本沒有因貧富差距而發生過偷盜和搶劫的事情，這些土著居民甚至不需要門和鎖。

　　他們兩個只好結束了這次失敗的推銷，回到了船上。到了晚上，岡薩雷斯突然想出了一個賣給這些土著人門和鎖的好辦法，他如此這般的將自己的推銷計畫告訴了拉莫斯，拉莫斯聽了之後半信半疑地問：「這樣行得通嗎？」岡薩雷斯堅定的點了點頭說：「一定可以的。」

　　第二天，岡薩雷斯和拉莫斯便開始實施他們的推銷計畫，但是他們沒有向那些土著居民談起任何關於防盜門和防盜鎖的事，而是向島上的居民分發他們在船上的食物——羊肉。島上的居民都很高興，主動排隊等候發放羊肉。可是，岡薩雷斯向

站在自己面前的土著居民每人發放4條羊腿，拉莫斯則向站在自己面前的土著居民每人發放1條羊腿。

發完羊腿的第一天，島上的居民並沒有什麼異常，他們依然過著悠閒自得的生活，白天上山捕獵，晚上各自回家睡覺。發完羊腿的第二天，島上的居民還是沒有什麼異常，第三天，依然在平靜中度過。第四天，終於有人向岡薩雷斯和拉莫斯問起了防盜門和防盜鎖的事了。第五天，他們的防盜門和防盜鎖被島上的土著居民搶購一空。

一直到賣完最後一個防盜門和防盜鎖，拉莫斯始終不明白，岡薩雷斯究竟用了什麼神奇的辦法，才讓這些本來不用門窗的土著居民都來買他們的防盜門和防盜鎖，岡薩雷斯說：「這些土著居民之所以能和平共處，是因為他們的食物都是公平分配的，每個人得到的食物數量都是一樣的，自從我們分給他們不同的羊肉之後，他們才發現自己的食物和別人的份量不同，數量少的想得到更多，數量多的怕失去自己擁有的那一部分，於是獲得羊肉較多的人為了保護自己的食物就買了防盜門。我首先在他們的心裡裝上了一把鎖，一把名叫貪慾的鎖，他們就會需要真正的門鎖了，所以他們才會主動來購買我們的防盜門和防盜鎖。」

對公平的追求是人與生俱來的基本天性，公平感的獲得是一個人在社會活動中存在感和自尊心的基本條件。只有首先感覺到獲得了公平待遇，一個人才會積極的投入到工作中去，真正的發揮個人能力。

對企業管理者來說，讓下屬獲得公平感是極其重要的一項工作。這是對下屬工作的肯定，將會激勵他更好的投入到工作中來，而這種公平，不僅僅體現在物質報酬上，更重要的是一種對人格及權利的尊重。

　　在一個團隊中，不公平的待遇往往會造成人才流失、團隊凝聚力下降，最終讓組織目標難以實現。因此，把握好公平原則，才能真正調動起每個員工的積極性，提高團隊工作效率，完美完成任務。

羅伯特・卡普蘭

是平衡記分卡的創始人，美國平衡記分卡協會主席。他為北美和歐洲的許多一流公司的業績和成本管理系統設計擔任顧問，經常在北美、歐洲和以色列舉行研討會，並在全球各地演講。他的研究方向為快速變化環境下製造業和服務業組織的新成本計量和業績管理系統。身為8本書和100多篇論文的著作者或合著者，獲得了多項教學和論著方面的獎勵。

混沌之死
——管理制度要靈活運用

權變的原則就是變化的原則，即管理方式和手段依據不同的管理條件和管理對象所做的變化。

　　《山海經》中記載，太古時候，南海王名儵，是一個可以任意變形的大神，管理著四方上下的宇；忽是北海的一個時間也永遠無法記錄的大神，管理著古往今來的宙。混沌住在西方的天山上，天山橫貫大地的西部，說不清它有多高，因為永遠也看不到山頂；說不清它有多長，因為永遠也看不到山邊。混沌是一隻外形像布袋的火紅的神鳥。碩大的鳥身有六隻腳和四隻翅膀，卻沒有耳、目、口、鼻等七竅。

　　南海王和北海王都喜歡快速地奔跑，中土王混沌，則清淨無為，不躁不動，無知無識。

　　儵和忽來來去去，經常會來到混沌的土地，混沌為人非常熱情好客，每次都很好地招待祂們。為了報答混沌的招待，儵忽二王決定也要為混沌做點什麼，祂們見混沌沒有七竅，便商量說：「人人都有七竅可以看見東西、品嚐美味、聽見聲音和呼吸新鮮空氣，就混沌沒有，我們給祂鑿出七竅，讓祂也可以像我們一樣聽、看、聞吧！」於是，南海王和北海王便大鑿起來。

　　鑿一竅，混沌看見模糊的影像了；鑿二竅，混沌能看清事物了；鑿三竅，混沌聽見聲音了；鑿四竅，混沌能聽到聲源了；鑿通五竅，混沌可以大吃大喝、大唱、大哭大笑了；鑿到六竅，混沌可以聞到香臭了；第七天終於鑿通了七竅，混沌可以

暢快呼吸了，但是，混沌當場就死了。

這是因爲混沌的自然狀態就是一竅不通，如果改變祂的自然本性就會有致命的結果。

混沌有其自身的體質特點，如果按照其他人的體質特點來要求祂是行不通的。這就是說不能把某個人的特點強加於其他人的身上，否則會適得其反，就像故事中混沌慘死的結果一樣。

同樣地，在企業管理中，每個企業有每個企業的組織形態，其管理制度和經營策略都是按照該企業的特點制訂的，其他企業不能簡單套用。每個企業的管理者都要根據自己企業的特點找到屬於自己的最佳經營方式。由於管理對象在文化素質、觀點成熟度、個性等方面存在著各種差異，因此管理者除了有一致的作用於整個工作群體的管理方式和手段之外，還應有不一致的影響和作用於群體中每一個人的管理方式和手段。

勞倫斯‧彼得
是美國著名的管理學家，現代層級組織學的奠基人，教育哲學博士。彼得先生在其巨著《彼得原理》描繪了職業晉升的瓶頸問題，他指出，每個人在層級組織裡都會得到晉升，直到不能勝任爲止。換句話說，一個人，無論你有多大的聰明才智，也無論你如何努力進取，總會有一個你勝任不了的職位在等待著你，並且你一定會達到那個位置。這就是著名的彼得原理。

將相和———和諧的人際關係

人際關係是團結的基礎，人際關係的性質反映出團結的好壞。

廉頗是趙國優秀的將領，以勇猛善戰而聞名，而藺相如則是趙國宦官繆賢的門客。

楚國為了向趙國求婚，把著名的美玉和氏璧送給了趙惠文王。秦昭王知道了以後，便派遣使者送信給趙惠文王，信裡表示願意拿秦國的十五座城邑來換取趙國的寶玉。在弱肉強食的戰國時代，一塊璧玉，無論多麼寶貴，也沒有15座城池重要，強秦不過藉機試探趙國的國力而已。趙國君臣明知這是訛詐，卻也不知道怎麼辦。把這塊寶玉給秦國，恐怕是得不到秦國的城池的，只能白白受騙；如果不給，又擔心秦國趁機攻打趙國。沒辦法，只能找個人把和氏璧送到秦國，但又找不到願意去秦國的人。

繆賢向趙惠文王推薦他的門客藺相如。趙惠文王問：「他有什麼出色的才能？」繆賢回答說：「我曾經犯罪過，私下打算要逃到燕國去。但藺相如卻覺得不應該這樣做，他建議我趴在斧質（古代一種腰斬刑具）上請罪。我聽從了他的意見，大王也因此赦免了我。所以我認為藺相如是個勇士，有智謀，應該是可以出使的。」於是趙惠文王就派藺相如帶著和氏璧出使秦國。

藺相如帶著和氏璧到了秦國。秦昭王在別宮裡接見藺相如。拿到了和氏璧，秦王大為高興，還讓左右傳閱，秦國的大臣都向秦昭王慶賀。藺相如見秦昭王絕口不提換城池的事，知道秦昭王不是真心拿城池來換和氏璧，於是他急中生智，告訴秦昭王說這塊璧有點小毛病，要指給秦昭王看。

秦昭王信以爲真，就吩咐侍從把和氏璧遞給藺相如。藺相如一拿到和氏璧，就指責秦昭王沒有拿城池交換和氏璧的誠意。威脅秦昭王如果不拿城池交換，他就要和和氏璧同歸於盡。秦昭王怕他撞碎和氏璧，就婉言道歉，堅決請求他不要把和氏璧撞碎，並召喚負責的官吏察看地圖，指點著說要把從這裡到那裡的十五座城劃歸趙國。

藺相如估計秦昭王只不過以欺詐的手段假裝把城池劃給趙國，就要求秦昭王齋戒五天才能獻璧，實則爲了拖延時間，暗地裡讓隨從偷偷帶著和氏璧從小路上逃回了趙國。五天後齋戒日滿，秦王再次索璧，藺相如坦言道他不信任秦王，只要秦王先送來城池，趙國便立刻獻上和氏璧。秦王知道詭計未得逞，又不願殺了藺相如得罪趙國，只好放他歸國。

藺相如大智大勇、完璧歸趙，回國後趙惠文王便任命他做大夫。

後來，秦軍攻打趙國，攻下石城。第二年秦軍又攻打趙國，殺了趙國兩萬人。秦昭王派使臣告訴趙惠文王，打算與趙惠文王和好，在西河外澠池相會。廉頗送到邊境，跟趙惠文王辭別時說：「大王這次出行，估計一路行程和會見的禮節完畢，直到回國，不會超過三十天。如果大王三十天沒有回來，就請允許我立太子爲王，以便斷絕秦國要脅趙國的念頭。」趙惠文王同意廉頗的建議，就和秦昭王在澠池會面。

席間，秦昭王請趙王彈瑟，趙惠文王就彈起瑟來。秦昭王就讓秦國的史官記錄

下來。藺相如讓秦昭王擊缶，秦昭王不肯。藺相如趁獻缶接近秦昭王，說：「如大王不肯敲缶，在五步距離內，我能夠把自己頸部裡的血濺在大王身上！」於是秦昭王為趙王敲了一下缶。藺相如便讓趙國史官記錄下來。秦國的眾大臣說：「請趙王用趙國的十五座城池為秦王祝壽。」藺相如也說：「請把秦國的都城咸陽送給趙王祝壽。」

直到酒宴結束，秦昭王始終未能佔趙國的上風。趙國又大量陳兵邊境以防備秦國入侵，秦軍也不敢輕舉妄動。

澠池會結束後，回到趙國，因為藺相如功勞大，趙惠文王任命他做上卿，地位高過了大將軍廉頗。

趙王這麼看重藺相如，大將軍廉頗很不服氣，他想：我為趙國拼命打仗，功勞難道不如藺相如嗎？藺相如光憑一張嘴，地位就比我高！他於是跟別人說：「我看見藺相如，一定要讓他難堪。」

廉頗的這些話傳到了藺相如的耳朵裡。藺相如立刻吩咐他手下的人，叫他們以後碰到廉頗手下的人，千萬要讓著點兒，不要和他們爭吵。他有一次出門，看見廉頗迎面過來，就叫馬車夫把車子趕到小巷子裡，等廉頗過去了再走。

藺相如家人不明白為什麼要這麼做，就問藺相如：「您的地位比廉將軍高，他罵您，您反而躲著他、讓著他，這樣他就越不把您放在眼裡了。」

藺相如心平氣和地問他們：「廉將軍跟秦王相比，哪一個厲害呢？」大家都說：「當然是秦王厲害。」藺相如說：「我見了秦王都不怕，難道還怕廉將軍嗎？不過，現在秦國倒是有點怕我們趙國，這主要是因為有廉將軍和我兩個人在。如果我跟他互相攻擊，那只能對秦國有益。我之所以避開廉將軍，是以國事為重，把私

人的恩怨丟一邊了！」

蘭相如的這番話，後來傳到了廉頗的耳朵裡。廉頗慚愧極了。他便光著上身，背負荊條，來到蘭相如家請罪。

蘭相如和廉頗從此成了很要好的朋友。這兩個人一文一武，同心協力為國家辦事，秦國因此更不敢欺侮趙國了。

蘭相如以大局為重，不計較私人恩怨，是因為他深知趙國的強盛與否在於他和廉頗的關係是否和諧。在企業中，良好和諧的人際關係也是一個集體得以存在和發展的基礎。

一個組織裡員工與員工之間、員工與領導者之間、領導者與領導者之間的人際關係好，這個組織一定是個團結的集體，有較高的凝聚力和對組織目標的深層認同，組織的存在和發展也就有了牢固的實質基礎。反之，人際關係緊張，互相攻擊，互相戒備，爭權奪利，就無凝聚力可言，勢必破壞組織的團結。只有在一群人有著共同的奮鬥目標和利益的時候，他們才能更好的團結起來，朝一個方向努力。

喬治‧愛爾頓‧梅奧（1880年～1949年）
美國哈佛大學心理學家。人際關係理論的創始人，美國藝術與科學院院士，進行了著名的霍桑試驗。霍桑實驗第一次把工業中的人際關係問題提到首要地位，並且提醒人們在處理管理問題時要注意人的因素，這對管理心理學的形成具有很大的促進作用。梅奧還根據霍桑實驗，提出了人際關係學說。

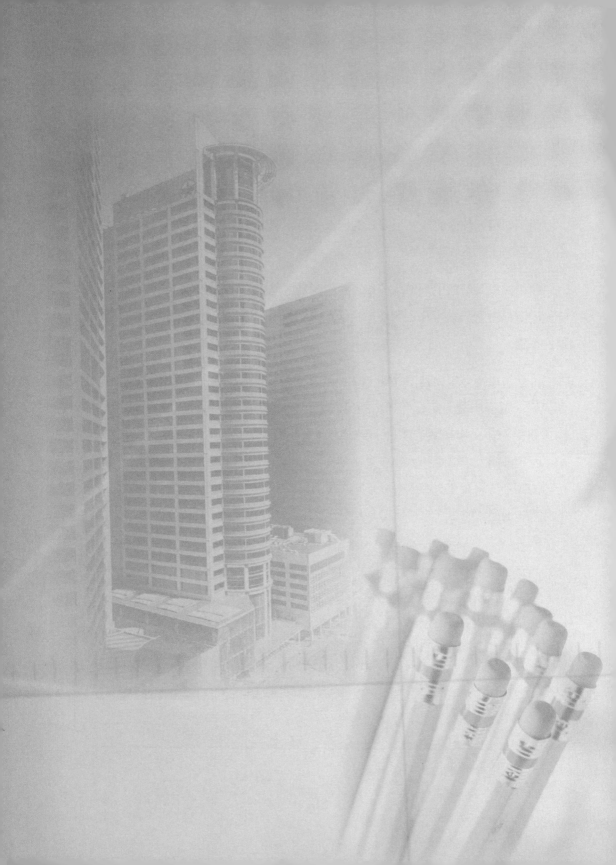

第二章

管理環境

秦興師臨東周而求九鼎
——正確應對競爭對手

競爭對手是指與本組織存在資源和服務對象爭奪關係的其他同類組織以及新加入或潛在的將要加入該行業的組織，包括競爭對手的數量、競爭對手的競爭能力以及競爭的強度與結構等。

　　春秋末年，秦國漸漸強大，便出兵威脅東周，而且向東周國君索取九鼎（東周的國寶，同時又是權力的象徵），東周國君為此憂心忡忡，就與朝中重臣顏率商討對策。顏率說：「您不必憂慮，我可以去齊國求救。」

　　顏率到了齊國見到齊王，對齊王說：「現在秦國的國君非常殘暴，沒有道德，

竟敢聚集烏合之衆，兵臨城下，威脅我們的國君，還想索取象徵權力的九鼎。我們國君召集各個大臣在宮廷內商討對策，最終一致認為：與其把九鼎送給殘暴的秦國，還不如送給齊王您。您如果出兵趕走秦國的話，挽救面臨危亡國家的故事會使您的美名傳揚天下，贏得所有人的認同和讚譽；幫助我們的國君擊退強秦，您還能夠得到九鼎這樣的珍寶，也確實是國家的大幸。但

願大王能好好把握這次機會！」齊王一聽非常高興，立刻派遣5萬大軍前往救助東周，得知齊國插手，秦兵沒等齊軍到來就撤退了。

這一次，秦王又開始向東周國君索取九鼎了，國君又一次憂心忡忡。這次顏率又說：「您不必擔心，我會去齊國解決這件事的。」顏率來到齊國，對齊王說：「這次仰賴您的出兵相助，才使得東周平安無事，因此我們國君心甘情願把九鼎送給大王，但是卻不知您要藉哪條道路把九鼎從東周運到齊國呢？」齊王說他準備經過梁國把九鼎運到齊國。

顏率連忙說道：「不可以從梁國經過，因為梁國很早就想得到九鼎，他們在暉台和少海一帶謀劃這件事已很長時間了。所以九鼎一旦進入梁國，就很難再出來了。」 於是齊王又說：「那麼就經過楚國把九鼎運到齊國。」顏率回答說：「這也行不通，因為楚國為了得到九鼎，很早就在葉庭進行謀劃。假如九鼎進入楚國，也絕對不會再運出來。」齊王說：「那麼究竟要從哪裡把九鼎運到齊國呢？」

顏率說：「我也在為您這件事憂慮。因為當初周武王討伐殷紂王獲得九鼎之後，為了拉運一個鼎就動用了9萬人，運九個鼎就是要用81萬人。另外還要準備相對的搬運工具和被服糧餉等物資，如今您即使有這種人力和物力，也不知道該從哪條路把九鼎運來齊國。所以我一直為您感到擔憂。」

齊王說：「你幾次來此，又是求助，又是要求我出兵，說來說去還是不想把九鼎給我！」顏率趕緊解釋說：「我怎麼會欺騙您呢？只要您能儘快決定從哪條路搬運，我可以隨時候命。」齊王知道不能如願，只好打消了獲得九鼎的念頭。

在弱肉強食的春秋戰國時代，日漸衰落的東周已經名存實亡，而在緊急關頭，顏率運用自己的智慧和口才挽救了一個國家的尊嚴和利益。他先是巧妙的讓對手互相對抗，讓自己從危險中脫身而出，之後又進一步從對手的切身利益出發，說服了

對方打消念頭。

在面對競爭對手的時候，應該有針對性的做出應對策略。任何組織都不可避免地會有一個或多個競爭對手，他們是組織的重要環境要素，由於它與組織存在資源和服務對象的爭奪以及此消彼長的關係，因此做為組織必須時刻關注競爭對手的發展狀況和趨勢，對自己的行業競爭環境進行認真深入的分析，並即時做出反應，制訂正確的應對策略，方能找到克敵制勝的突破口，否則就會付出沉重的代價。

賈斯特‧巴納德

1886年出生於美國麻塞諸塞州的一個普通工人家庭。在漫長的工作實踐中，巴納德累積了豐富的企業組織的經營管理經驗，寫出了許多重要的著作。其中最著名的是《經理人員的職能》一書，被譽為美國現代管理科學的經典著作。這些著作為建立和發展現代管理科學做出了重要貢獻，也使巴納德成為西方現代管理理論中社會系統學派的創始人。

道見桑婦
——市場調查的重要

進行市場調查，是增加對市場競爭形勢的預測、對競爭對手實力的估量，為制訂生產經營戰略、尋找企業發展新途徑提供充分的理論依據。

　　春秋時，晉文公重耳準備率大軍攻打衛國。大臣們都知道，如果貿然進軍衛國，其他國家就會趁此機會攻打晉國，但國君心意已決，要如何才能說服晉文公呢？

　　大臣公子鋤知道晉文公是名賢君，只要能夠讓他瞭解到事情的利害關係，他必然能夠接受意見，只是這樣的勸諫必須委婉。於是，公子鋤忽然當著晉文公的面仰天大笑起來。公子鋤無緣無故的大笑，引起了晉文公的注意。晉文公就問公子鋤為什麼突然大笑。

　　於是公子鋤講了一個故事：他的鄰居在路上遇見一位採桑的女子，這個女子長得很漂亮，他的鄰居便喜歡上了這個女子，於是就想上前搭訕。就在他暗暗對這個採桑女子打歪主意的時候，不經意地回頭一看，卻看見一個男子正在挑逗他的妻子，這可是他萬萬沒有想到的。

　　公子鋤的故事到此結束了。話雖然沒有講破，但公子鋤的意思已經十分清楚了。他是想告訴晉文公：你想去佔衛國的便宜，也許別的國家正在打晉國的主意呢！晉文公畢竟是聰明人，明白了公子鋤的良苦用心，於是掉轉車頭，率領大軍回國。

果然不出公子鋤所料，晉文公還沒有回到晉國，別的國家就已經開始攻打晉國的北部邊境了。而正因為公子鋤的建議，不僅避免了一場戰爭，晉國也得以即時制止了他國的侵略。

晉文公貿然準備進攻衛國是在沒有進行審慎的調查下提出的，於是公子鋤便給晉文公講了「道見桑婦」的故事，說明了「知己知彼」的重要性。這就是在殘酷的市場競爭中進行市場調查的重要性。

市場調查是指，在針對客觀環境的資料收集和情報彙總的基礎上，對這些資料和情報進行分析、判斷，進而達到實現管理目標的最終目的。

對國內外市場的行情及其走勢、對顧客的消費需求及消費心理、對競爭對手的種種情況的掌握，是一個企業規劃發展方向，制訂發展計畫的必要條件，它能夠幫助企業即時改進現有產品、改善行銷方式、發現新市場，最終實現企業的最大贏利目標。

特德‧列維特（1925年～）
美國研究院研究員，近三十年來主要的行銷大師。他指出，企業優先考慮的中心應是滿足顧客而不應是簡單的生產商品，主導公司的應是行銷而不是產品。同時，他還對銷售和行銷做了劃分，其重點理論在全球化和市場學領域，著有《行銷中的改革創新》、《行銷近視》等 。

劉邦封侯
──重視知識型人才

人力資源是企業最重要的資源，是技術和知識的載體，因而只有透過人力資源的有效開發和管理，才能使知識在企業發展中的作用得到充分高效的發揮，這是企業成敗的關鍵。

劉邦，泗水郡沛縣（今江蘇沛縣）人，出身農家，為人豁達大度。秦二世元年（西元前209年）陳勝、吳廣在大澤鄉起義後，劉邦也召集蕭何、曹參、樊噲等數百人，殺死縣官，起兵回應，自稱沛公，轉戰於豐、沛之間。陳勝死後，他還曾一度歸屬項梁，後項梁戰死，便與項梁侄子項羽共奉楚懷王為領袖，繼續堅持反秦抗爭，成為反秦的主力。

劉邦本人既不是將才，也沒有什麼高明的謀略，但他善於用人，尤其懂得發揮部下的長處，又「好謀善聽」，能夠採納部下正確的意見，體恤民情，關心民間疾苦，所以得到人民的擁護。劉邦的部下，文有蕭何、張良，武有韓信、彭越、英布等人。劉邦就是依靠他部下的這批人於西元前202年打敗西楚霸王項羽，建立漢朝。

漢朝建立之初，劉邦對他的部下論功行賞，封賞的結果是，文臣優於武將，其中蕭何封侯的地位最高、封地最多。好多武將們不服氣，於是他們不約而同找到劉邦，對此提出質疑：「我們打過的仗大大小小有幾百次了，在戰場上冒死殺敵，九死一生，才得到這麼點封賞。而蕭何並沒有任何的軍功，只是動動嘴皮子，為什麼是得到封賞最多的？」

劉邦並沒有直接回答他們，而是打了個具體的比喻，說：「你們都知道打獵吧！在追殺獵物的時候，要靠獵狗，給獵狗下指示的是獵人。你們消滅敵人，攻下城池，就好像是打獵時的獵狗，而蕭何正是給獵狗發指令的獵人。更何況蕭何是整個家族都跟隨我，你們跟從我的有幾個族人？所以我要重賞蕭何，你們不要疑神疑鬼了。」

劉邦是聰明的，他清楚地認識到「知識型員工」的重要。科技發展到今天，人力資源已經成為最重要的資本，知識型員工的產出數量和素質也就決定了企業的競爭力水準。因此，企業一定要注重培養和保護知識型員工，讓他們為企業的發展添磚加瓦。

相較一般員工而言，知識型員工更具有個人意識，他們更為獨立，但也更渴望能夠一展所長，發揮自己的才能。因此，面對知識型員工，需要企業為他們營造出一種寬容活潑的氛圍，給予他們自由發揮、公平競爭的環境，讓他們在精神上感覺到被關心和尊重，這樣，才能獲得他們對公司的加倍的付出。

彼得‧杜拉克
被尊為「大師中的大師」、「現代管理之父」。杜拉克因1954年出版《管理實踐》一書奠定了管理大師的地位。他的著名理論是：「將管理學開創成為一門學科、目標管理與自我控制是管理哲學、組織的目的是為了創造和滿足顧客、企業的基本功能是行銷與創新、高層管理者在企業策略中的角色、成效比效率更重要、分權化、民營化、知識工作者的興起、以知識和資訊為基礎的社會。」

李淵起兵——看清市場形勢

面對目前變幻莫測的市場潮流，企業的管理者不但應該具有靈活的市場應變能力，在企業內部，還應該集中全體員工的聰明才智，靈活管理，而不需要對企業各部門和人員進行層層控制。

李淵是隋朝的貴族，繼承父親的爵位，做了唐國公。西元617年，隋煬帝派李淵到太原去做留守，鎮壓農民起義，李淵剛到太原的時候還能有效的穩定局勢，可是隋煬帝花天酒地，人民生活越來越困難，起義軍的隊伍越來越大時，李淵也無能為力了。

李淵的二兒子李世民那時候剛滿18歲，是個很有膽識的青年，平時喜歡結交有才能的人，人們也覺得他慷慨好客，喜歡跟他打交道。李世民看清了當下局勢，知道隋朝就快要滅亡了，心裡便有了自己的打算。當時太原縣令劉文靜，一直十分看重李世民，而李世民也把他看做知心朋友。劉文靜跟起義軍領袖李密有親戚關係，李密參加起義軍以後，隋煬帝下令捉拿李密的親戚朋友，劉文靜受到了牽連，被革了職，關在晉陽的牢房裡。

李世民聽說劉文靜坐了牢，十分著急，趕到監牢裡去探望。趁著探望之機，他對劉文靜說出了自己的擔憂，讓劉文靜幫他出個主意。

劉文靜早就知道李世民的心思。他說：「現在皇上遠在江都，李密的軍隊威脅東都洛陽，全國各地都有人造反。這是個打天下的好時機。我可以幫你募集10萬人馬，你父親手下還有幾萬人。如果用這支力量起義，不出半年，就可以取得天下。」李世民高興地說：「你真是說到我心裡去了。」

李世民回到家裡，想想劉文靜的話，越想越覺得有道理。但是要說服他父親李淵，卻是個難題。正好在這個時候，太原北面的突厥（中國古代北方民族之一）進攻馬邑。李淵派兵前去抵抗，卻接連打敗仗。李淵怕這件事被隋煬帝知道了，自己難逃責罰，急得不知道該怎麼辦。

李世民見這是個好機會，就勸李淵起兵反隋。李淵一聽，嚇得要命，說：「你怎麼說出這種沒上沒下的話來，這是要掉腦袋的。」

李世民不甘心，第二天又找李淵說：「您受皇上的委派，到這裡討伐叛亂的人。可是現在叛亂的人越來越多，您能討伐得了嗎？另一方面，皇上本來猜忌心就很重，就算您立了功，處境只會更加危險。只有照我昨天說的辦，才是唯一的出路。」李淵猶豫了很久，說：「昨天夜裡，我想想你說的話，也有道理。那麼從現在起，是家破人亡，還是能化家為國，就要靠我們的實力了！」

李淵首先把劉文靜放了出來，讓他幫李世民招兵買馬，又派人把正在河東作戰的兩個兒子李建成和李元吉召了回來。李淵自稱大將軍，派李建成和李世民分別做左右領軍大都督，劉文靜做司馬，又把兵士都稱為「義士」。他們帶領三萬人馬離開晉陽，向長安進軍。一路上繼續招募人馬，並且學農民起義軍的做法，打開官倉發糧給貧民。這樣一來，應召的百姓就越來越多了。

李淵的軍隊到了霍邑（今山西霍縣），遭到攔擊，又正趕上接連幾天大雨，軍糧運輸中斷了，此時謠言四起，說突厥兵準備偷襲晉陽。李淵動搖了，想回晉陽。

李世民趕緊給父親鼓勵說：「現在正是秋收季節，有的是糧食，怎麼會缺糧！我們用義兵的名義號召天下，如果還沒打仗就撤退，豈不遭天下人恥笑。現在皇上已經知道我們起義，回到晉陽，也是沒有生路。」李淵仔細想想覺得有理，便打消了念頭。

唐軍攻下霍邑以後，繼續向西進軍，在關中的農民軍的配合下，渡過黃河。留在長安的李淵的女兒也招募一萬多人馬，號稱「娘子軍」，回應李淵的軍隊進關。

打到長安的時候，李淵已經有了二十多萬大軍，很快便攻下了長安城。李淵攻下長安以後，為了爭取民心，宣佈約法十二條，把隋王朝的苛刻法令一概廢除，並推舉隋煬帝的孫子楊侑為皇帝以安撫民心。

第二年（西元618年）夏天，隋煬帝在江都被殺，李淵便廢了楊侑，自己即位稱帝，改國號為唐，建立了中國歷史上最為輝煌的大唐王朝。

李淵太原起兵就相當於現今新的企業進入市場，選擇了恰當的時機和恰當的發展方向，讓他們最終贏得了天下，成為當時的最大贏家。

企業入市也是一樣，要制訂相對的戰略，有明確的發展規劃。企業入市戰略的選擇是企業能否實現成功進入市場的關鍵。不論是一個新企業進入已有的市場，還是老企業開發新的市場，都需要先有對市場形勢的準確分析。好的開始是成功的一半，能夠準確的定位市場需要，確定企業發展方向，那麼企業的良好發展也就已經打下了堅實的基礎。

赫伯特‧西蒙

美國管理學家和社會科學家，西方決策理論學派的創始人之一。自1949年擔任美國卡內基–梅隆大學電腦與心理學教授，他由於「對經濟組織內的決策程序所進行的開創性研究」而獲得1978年諾貝爾經濟學獎。他在《管理行為》、《組織》和《管理決策的新科學》等書中對決策過程進行了深入的討論，形成了系統的決策過程理論。

曹瑋用兵
——瞭解競爭對手

一個優秀的領導人一定有一套好辦法去判定市場上自己與競爭對手的優劣形勢。

　　北宋名將曹瑋有一次率領軍隊與吐蕃軍隊作戰，曹瑋的部隊大勝，吐蕃軍被打得潰不成軍，大部分都逃走了。

　　曹瑋於是下令撤軍，在回去的路上，他故意命令士兵驅趕著繳獲的一大群牛羊往回走。牛羊走得很慢，落在大部隊後面，拖延了整個部隊的行軍速度。於是有人向曹瑋建議：「牛羊用處不大，又會影響行軍速度，不如將牠們扔下，我們就能安全、迅速的趕回營地。」但曹瑋沒有接受這一建議，也不做任何解釋，只是不斷派人去偵察吐蕃軍隊的動靜。

　　吐蕃軍隊狼狽逃竄了幾十里，聽探子報告說曹瑋捨不得扔下牛羊，現在部隊亂哄哄地不成隊形，吐蕃軍統帥覺得這是個可以反咬一口的時機，於是下令重新整兵，掉頭趕回來，準備趁亂襲擊曹瑋的部隊。

　　曹瑋得到這一情報，便讓隊伍走得更慢，到達一個有利地形時，便停下來整頓人馬，列陣迎敵。當吐蕃軍隊趕到時，曹瑋派人傳話給對方統帥：「你們遠道而來，一定很累吧！我們不想趁別人勞累時佔便宜，請你讓兵馬好好休息，過一會兒再決戰。」吐蕃將士正苦於跑得太累，很樂意地接受了曹瑋的建議。等吐蕃軍隊歇了一會兒，曹瑋又派人對其統帥說：「現在你們休息得差不多了吧？可以上陣打一仗啦！」於是雙方列隊開戰，只打了一個回合，就把吐蕃軍隊打得大敗。

曹瑋的部下都不明白這是怎麼回事，這時曹瑋才告訴部下：「我扔下牛羊，吐蕃軍隊就不會殺回馬槍而消耗體力，這一去一來的，畢竟有百里的路程！我如下令與遠道殺來的吐蕃軍隊立刻交戰，他們會帶著奔襲而來的一股銳氣拼死一戰，雙方勝負難定；只有讓他們在長途行軍疲勞後稍微休息，腿腳麻痺、銳氣盡失後再開戰，才能一舉將其消滅。」

曹瑋懂得收集敵人的情報是取勝的關鍵。在現代市場的激烈競爭中，我們也要注意收集競爭對手的商業情報，依此做出明確的判斷。

對競爭對手情報的收集要把握全面性和程序性的原則。首先是要全面收集和競

爭對手相關的情報，包括競爭對手經營活動的各個方面，同時要從情報中總結出邏輯規律，瞭解到競爭對手的發展軌跡；其次，收集到的情報必須準確、系統化，保證這些情報能夠迅速得以整理、加工和開發利用，保證情報的時效性。

阿里・德赫斯

「學習型組織」概念的首創者之一。他還寫了關於組織的一系列著作，從整體的角度論述了公司及其環境。身為一位在事業末期才進入學術界的職業經理，他將極具高度的理論和實用主義結合在一起。他認為未來公司唯一可持續的優勢可能就是其學習能力，這一論述成為20世紀90年代的商業咒語。

縱虎不一定歸山
──瞭解市場環境

做為一個在市場上領先的企業來說，眾多的競爭對手都對你虎視眈眈，特別是身為一個企業的管理者，為了能擬定目標和方針，一個管理者必須對公司內部作業情況以及外在市場環境相當瞭解才行。

《魏書侯淵傳》記載，在一次作戰中，北魏大都督侯淵，率領700騎兵，急行軍突擊葛榮的部將韓樓。

當時韓樓部隊的士兵有幾萬人，如何以少勝多？侯淵首先孤軍深入韓樓軍隊的腹地，在距韓樓大本營一百多里的地方，擊垮了韓樓的一支5000餘人的部隊，還捉獲了許多俘虜。

侯淵的部隊只有700人，抓到的俘虜正好可以補充實力。但是侯淵沒有將俘虜留下，而是將他們放了，還把繳獲的馬和口糧等東西都發還給他們。侯淵的部下都勸他不要縱虎歸山，以免增加敵人的實力。侯淵向身邊的將士們解釋道：「我們的部隊僅有700人馬，兵力十分單薄，現在是敵眾我寡，我們不能和敵人正面衝突，這樣會消耗掉自己的實力，也不能取得戰爭的勝利。我將俘虜放回去，用的是離間計，因為韓樓不知道他們是真的被放回來了，還是被派來刺探情報的，韓樓對他們便會起疑心，舉棋不定，這樣我們的部隊便能趁這個機會攻下他們。」將士們聽了這番話，才恍然大悟。

侯淵把俘虜放回去之後，便讓將士們做好夜襲的準備。而這些俘虜回到韓樓駐

守的薊城後，韓樓果然一直對他們放心不下，他想侯淵只有700人，為什麼不留下這些俘虜擴大自己的實力，卻把他們送回來呢？這些被放回來的士兵是不是給侯淵做內應的，韓樓越想越覺得不對勁。正巧這時，探兵來報說侯淵的部隊已經攻到城下了。韓樓看到這種情況更是慌了手腳，以為他們果然已經成為侯淵的人，要與他裡應外合，嚇得乾脆棄城逃跑了，可惜跑出城沒多遠，便被侯淵的騎兵追上活捉了。

行軍打仗要求戰爭指導者戰前首先認真比較敵我雙方各方面的情況，做到「知己知彼」，才能「百戰不殆」，這個「知」，還包括了對於周圍環境的瞭解和利用，即作戰要有合理、合法的根據。侯淵就是在仔細分析了敵我的形勢後，制訂出了相對的策略，才在以少勝多的情況下順利地攻下了城池。

企業決策如同作戰用兵，一定要注意決策前的情報資訊收集。對一個企業來說，物質的採購、庫存、生產，訂單、客戶的管理，銷售、財務資料等的資金流動以及員工的人事資料都是相互關聯的一個系統，而要掌握它，就必須有著明確的資訊情報。抓住了資訊情報這一關鍵，才能有效分析，並制訂出相對計畫，正確決策。

布魯斯·亨德森(1915年～1992年)
波士頓諮詢公司創始人，波士頓矩陣、經驗曲線、三四規則理論的提出者。1963年，他著手建立一支為銀行業提供諮詢的隊伍。這就是波士頓顧問公司的前身。他所提出的許多管理理念如經驗曲線、增長比率矩陣分析模型，以及波士頓矩陣為戰略諮詢領域奠定了智力基礎。「三四規則理論」最早的發明者也許是布魯斯·亨德森。

慷慨的農夫
——競爭與合作

競爭並不是你死我活的爭鬥，競爭的雙方也可以有合作的機會，有合作才能優勢互補，截長補短，集合力量，不斷壯大。

美國南部有一個州，每年都要舉辦南瓜品種大賽，以評選出最優秀的南瓜品種。有一個農夫在每次的比賽中都能脫穎而出，經常是首獎及優等獎的得主。而且他在得獎之後，每次都會毫不吝嗇地把得獎的種子分給街坊鄰居。

有一位鄰居就覺得很奇怪，於是問他：「你的獎項得來不易，每年都看你投入大量的時間和精力來做品種改良，那你為什麼還要這麼慷慨地將種子送給我們呢？難道你不怕我們的南瓜品種會超越你的，而獲得下次南瓜大賽的優等獎嗎？」

誰知這位農夫卻回答：「我將種子分送給大家，幫助大家，其實也就是幫助我自己！」

這是為什麼呢？原來，這位農夫所居住的城鎮是典型的農村形態，家家戶戶的田地都是挨著的。如果農夫將得獎的種子分給鄰居，鄰居們就能改良他們南瓜的品種，那麼他就可以避免蜜蜂在傳遞花粉的過程中，將鄰近較差品種的花粉授粉給自己好的南瓜品種，這樣，這位農夫才能夠專心致力於品種的改良。如果農夫將得獎的種子自己留著，不分給鄰居，那麼鄰居們的南瓜品種雖然註定趕不上這位農夫的南瓜品種，但是這樣一來，蜜蜂就容易將那些較差的品種傳播給自己的優質南瓜，

他反而必須在防範外來花粉方面大費周折而疲於奔命。所以，他才會在每次得獎後毫不吝嗇地把優質的南瓜種子分給鄰居，在幫助鄰居的同時也幫助了自己。

如果單純從比賽的角度來看，這位農夫和他的鄰居們是處於相互競爭的狀態下的，但如果從南瓜種植這一大的層面上來看，這位農夫無法脫離鄰居而培植出優良的南瓜品種，所以他們又屬於相互合作的狀態。

在如今這個年代，只懂得競爭的企業顯然已不能算做一流，要知道，競爭絕對不是取得成功、壯大企業的唯一途徑，很多時候，獲得他人的合作才能達到雙贏的好局面。對企業或管理者來說，應該積極地面對你的競爭對手，不管它是一個人、一個團隊，還是一個與你旗鼓相當的企業，如果能夠結成聯盟，分享彼此的經驗和

成果，彌補各自的不足，共同抵禦風險，這樣必然能夠獲得「1＋1＞2」的結果，創造更大的利潤。

威廉・愛德華茲・戴明（1900年～1993年）
品質管制大師。他的「七項致命惡疾與各種障礙、十四要點」品質管制方法改變了日本企業的歷史命運，也改變了美國企業的品質管制。其觀念不但成為日本品質管制制度的基本精神，也影響了往後其他品質管制大師的思想。

賣野花的小姑娘
──拓展市場空間

藍海策略要求企業突破傳統的血腥競爭所形成的「紅海」，拓展新的非競爭性的市場空間。

　　賣野花也可以賺錢？這是一般人很難想像的事，但是有人就是靠賣野花而獲得事業上的成功的。這個靠賣野花起家的人是一個叫做蘭的女孩。

　　蘭原來是做導遊的，後來由於在一次帶團中誤食水果中毒，她的身體變得非常虛弱，但導遊工作需要身體素質非常好，於是蘭無奈之下在書店找了一份比較輕鬆的工作。

　　在週末休息的時候，蘭經常會回鄉下的老家看看父母，有一次，她在老家看到遍地的野花很漂亮，便採了一些帶回城裡。正好蘭工作的書店旁邊有一家花店，花店老闆看到她拿的野花很漂亮，就想試著賣賣看，結果這些野花很受顧客的喜愛，花店老闆又找到蘭，付給她7000元的訂金，要大量採購她的野花。

　　細心的蘭體認到賣野花是個賺錢的機會，於是她果斷地辭去書店的工作，拿著自己的全部積蓄在老家建立了一個六畝的野花種植基地。父母看到她的舉動，都覺得不可思議，這漫山遍野的野花，又不用花錢，有人會買嗎？鄰居們也覺得她異想天開，但是蘭並不理會別人的看法，只是認真細緻地養好自己的花草。她每天都要給這些花除雜草、施肥、澆水，每樣都做得一絲不苟。幾個月後，經過蘭的精心培育，她的小種植基地裡開滿了野菊花、小紫羅蘭、蒲公英等野花。

為了讓自己的野花有個好的銷售量，蘭又專門去訂做了塑膠包裝紙，把她的野花按照不同花色搭配包裝好，開始到各個花店推銷自己的野花。剛開始好多花店都覺得野花沒有市場，不想訂蘭的野花，但是過了一段時間，他們發現這些野花賣得很好，尤其是受到那些熱衷於追求時尚和新潮的年輕男女的特別喜愛，這些花店便開始紛紛訂購蘭的野花。

有了固定的銷路，蘭開始謀劃更大的發展，她想，如果多天也能賣野花的話，那豈不是更好。於是她請教了有關專家，建起了保溫棚，這樣在多天她也可以培植出野花，而且價格要比當季的野花高出很多。但是忙碌了大半年後蘭發現，扣除投資的話，她其實並沒有賺到什麼錢。

蘭決定轉換經營思路，她自己開起了花店，把野花從「一次性消費品」變成藝術品和插花。她還給她的插花作品取了許多好聽的名字：百鳥朝鳳、俏佳人、星星點燈……她的插花作品廣受人們歡迎。

隨後，她還製作野花標本，開辦插花培訓班，野花生意越來越好，野花店不斷有人加盟連鎖；她還成立了花木工藝製品公司，為她的乾燥花製品和標本相框找到幾十家代理商。

現在，蘭的種植園逐漸擴大。隨著越來越多城裡人到山裡旅遊，她又不失時機地把種植園改建為觀光園，並鼓勵城裡人自己動手種花、養花，向他們傳授種花知

識，而人們臨走時也總是不忘買些花回去種。

蘭的野花事業是成功的，她的故事是典型的藍海策略的成功。

藍海策略是相對於「紅海」而言的。「紅海」是指競爭極端激烈的市場，「藍海」則是指開拓一個嶄新的市場領域，在這裡，企業憑藉其創新能力獲得更快的增長和更高的利潤。

藍海策略要求企業拓展新的非競爭性的市場空間，它考慮的是如何創造需求，突破競爭。藍海的開創是跨越現有競爭邊界，將不同市場的買方價值元素篩選與重新排序，重建市場和產業邊界，開發巨大的潛在需求。同時，藍海是基於價值創新而不是技術突破，因此它並不需要太大的資金投入和高新技術的開發，就能夠獲得巨大的市場。

藍海策略

「藍海策略」認為，要贏得明天，企業不能靠與對手競爭，而是要開創「藍海」，即蘊含龐大需求的新市場空間，以走上增長之路。這種被稱為「價值創新」的戰略行動能夠為企業和買方都創造價值的飛躍，使企業徹底甩脫競爭對手，並將新的需求釋放出來。制訂與執行「藍海策略」包括六大原則：重建市場邊界、注重全局而非數字、超越現有需求、遵循合理的策略順序、克服關鍵組織障礙、將策略執行建成策略的一部分。

犯人船
——管理制度的重要性

管理制度的核心是規範性，而且只有具有一定的規範性才能發揮管理制度的作用。

在18世紀末，英國政府決定把犯了罪的英國人統統發配到澳洲去。

很快就有一批私人船船主接下了運送犯人前往澳洲的工作，英國政府也按照上船的犯人數支付給船主一定的費用。然而，三年之後，英國政府發現，他們花費了大筆的資金，但卻並沒有達到大批移民的目的。原來，運往澳洲的犯人在船上的死亡率達12%，而其中更有一艘船，總共424個犯人死了158人，死亡率高達37%。

原來，這些私人船船主的船大多是一些破舊的老貨船改裝的，船上的設施異常簡陋，船主為了獲取暴利，盡可能的多裝犯人，但同時又為了減少開銷，連任何的醫療藥品和醫生都沒有準備，所以才會導致犯人的大量死亡。

為了改變這一局面，英國政府想了相當多的辦法，他們在每一艘船上都安排了一名政府官員進行監督，並安排了一位醫生負責治療患病的犯人，同時，他們還對犯人的生活標準做了詳細的規定，希望以此降低犯人的死亡率。

但是，死亡率不僅沒有降下來，甚至有些官員和醫生也命喪大海。原來一些船主為了自己的利益，多半會賄賂官員，逼他們與自己同流合污，在茫茫的大海上，面對著海盜般的船主，官員們多數為了保住自己的性命而答應了船主的要求，偶爾有幾個不肯就範的，就被投入大海裡餵魚了。

英國政府無計可施，只好將船主召集起來進行教育，告誡他們要珍惜生命，善待犯人，但軟硬兼施，船主們依舊利字當頭，毫不在意人命，犯人的死亡率依舊高居不下。

終於，有一位議員提出了他的辦法，他認為那些私人船船主鑽了制度的漏洞，而制度的缺陷在於政府給船主報酬是以上船人數來計算的，他提出了新的計酬方法，即政府以到澳洲上岸的人數為準計算報酬，不論你在英國船上裝載多少人，只以澳洲上岸時的存活人數為準。

從此以後，為了能夠得到盡量多的報酬，船主開始主動雇請醫生，準備好充足的藥品和食物，盡量保證每一個上船的人都健康到達澳洲。

1793年，三艘船到達澳洲，這是第一次按照從船上走下來的人數支付運費。在422個犯人中，只有一個死於途中。從此以後，運往澳洲的罪犯的死亡率下降到了1%以下。

　　這就是制度的力量了。人性的自覺、政府的監督都解決不了的問題，靠一個完善的制度就可以解決了。

　　管理制度本身就是一種規範，它是企業員工在企業生產經營活動中，須共同遵守的規定和準則的總稱。俗話說「沒有規矩不成方圓」，同樣一個企業要生存、要發展，就必須制訂系統、專業的規定和準則，以規範員工在工作中的行為，保證員工按照企業經營、生產、管理相關的規範與規則來一致地工作，如果沒有規範的企業管理制度，企業就無法正常的運行，也就無法實現企業的發展戰略。

　　同樣的，管理制度也應該是一種有效的激勵機制，它能夠激勵員工的工作熱情，促使員工去獲得更大的工作成果，進而最終實現企業利益的最大化。

大前研一
被英國《經濟學家》雜誌評選為「全球五位管理大師」之一，「日本戰略之父」。素有「戰略先生」之稱的大前研一，對於企業經營管理及策略規劃有精闢而獨到的見解，是少數獲得國際肯定的東方管理大師。大前研一曾經準確的預測了前蘇聯的解體、日本經濟的泡沫化等等。

第三章

現代管理者
應具備的素質

曹操三下求賢令——唯賢是舉

無論是哪種方式，不拘資歷、不唯門第、不分種族、不計小節，舉才之道不一而足，但才幹是唯一的標準。

曹操是三國時期著名的軍事家、政治家，他的成就的取得並不是偶然的，而很大程度上是因為他的知人善用。

根據史料記載，為了招攬人才，曹操曾多次下詔求賢。要知道，在漢朝實行的還是察舉制來選拔人才，東漢末期主要是以門第高低來選拔人才，寒門士子往往都沒有晉身之道。但曹操卻大膽摒棄了這種陋習，而透過「求賢令」來招納治國之士和有用人才。

建安四年（西元199年）官渡之戰時，曹操與袁紹兩軍對峙多日，當時曹軍糧草已經不多，甚為艱難。正在一籌莫展間，他的舊友許攸從袁紹軍中趕來投靠，曹操當時正赤腳在屋內休息，聽說許攸到來，激動的連鞋子也來不及穿，立刻趕出門來迎接。許攸眼見曹操如此誠意，大為感動，隨即為他出謀劃策，幫助他火燒袁紹糧草，最終讓曹操以少勝多，拿下了官渡之戰的勝利。

而同樣在官渡之戰的時候，袁紹手下有一才子陳琳，才華橫溢，寫得一手好文章，他受袁紹之命，寫下了洋洋灑灑的《討曹操檄》，從曹操出身宦官的身世，到曹操的苛行，諸多批判。官渡之戰袁紹戰敗，陳琳也為曹軍捉獲，人們都以為他曾如此辱罵曹操，必死無疑，但曹操憐其才華，理解當時各為其主的緣由，竟然不加懲罰，還留陳琳在自己身邊。從此以後，陳琳感念其豁達，就成為了曹操的不貳之臣。

建安十五年（西元210年）、建安十九年（西元214年）、建安二十三年（西元217年），曹操三下「求賢令」，並列舉伊尹、傅說、管仲、蕭何、曹參、韓信、陳平、吳起等人，說他們雖然有小毛病，但是卻輔佐君王成就事業。曹操頒發的三道「求賢令」，被眾多的人奉爲古代愛才的範例，常常使後世懷才不遇者自恨生不逢時。

曹操爲了網羅人才，可謂費盡心機，有時達到了不擇手段的地步。但是不能否認，正是由於曹操愛才、惜才，推行唯才是舉的用人方針，才使得他能夠吸引大批人才爲其所用，增加了自身力量，壯大了曹操的政權，鞏固了他的統治。

曹操重視賢才，不拘一格，唯才是舉，所以在他的周圍才能聚集起眾多的謀臣和猛將。

現代企業對待人才也應像曹操一樣用人重視能力，才能維持企業的長期可持續發展。現代企業的經營是依靠人的經營，因此對人的要求也特別的高，在上位者無德無才，只會影響團隊的士氣，讓下屬產生離心，因此在挑選人才的時候，千萬不能以親疏關係爲標準，而必須以才取人。

同時，企業招攬人才還要懂得愛護和關心人才。首先必須尊重人才，尊重才會讓對方眞正產生積極性，其次就是關心人才，這是雙方面的對等關係，企業對人的關心才能換來人對企業的忠誠付出。

愛德華・德・博諾
是創造性思考和把思考做爲技能直接教授的相關領域內德高望重的權威。愛德華・德・博諾博士把畢生精力用於創新思維領域的拓展與開發，他根據對人大腦的工作原理的理解，建構了世界上最龐大、最具穿透力的思維訓練系統，創造出了「水準思考法」、「平行思考法」、「六頂思考帽」等廣泛應用於企業管理中的工具，被譽爲「創新思維之父」。

孫權「相馬失於瘦」
——管理者的能力素質

善於發現人才、團結人才、使用人才，是管理者的主要職責，是管理者成熟的主要標誌之一。

孫權能在三國鼎立的情況下立足東吳，稱霸一方，是和他善於用人分不開的。在用人方面，孫權不拘一格選拔人才、用人不疑、賞罰分明，堪稱一代明君。但就是如此珍惜人才、善識人才的明君，也曾有「相馬失於瘦，遂遺千里足」的時候。

東吳大將周瑜死後，孫權身邊少了可倚重的人才。這時，謀臣魯肅向孫權力薦龐統。龐統是三國時期的名士，被稱為鳳雛，和臥龍諸葛亮齊名。龐統年輕時還不為人所知，他聽聞潁川人司馬徽善於鑑識人品，便慕名前去拜訪。那時司馬徽正在樹上採桑，龐統就坐在樹下和他交談起來。兩人越談越投機，就這樣一個人樹上、一個人樹下的聊了整晚。一夜下來，司馬徽認定龐統是個非同凡響之人，堪稱南州首屈一指的人才，漸漸這個評論逐漸為人所知，龐統名聲漸揚，他的叔父龐德公還將他與諸葛亮、司馬徽並列，說孔明是臥龍，龐統是鳳雛，司馬徽是水鏡。

孫權聽魯肅這麼稱讚龐統，心中頗為高興，只欲早早見到這位高人。然而當龐統來到孫權面前時，孫權卻皺起了眉頭，大為不喜。原來，龐統長得「濃眉掀鼻、黑面短髯，形容古怪」，相貌奇醜，再加上他言談之中對周瑜頗為不屑，這讓與周瑜親如兄弟的孫權更是不滿，認為他狂傲不羈，不值得重用。儘管魯肅在一旁提醒孫權說，龐統在赤壁大戰時曾獻連環計，立下奇功，可是孫權心意已定，依舊不肯任用龐統。

魯肅見事情再無轉圜的餘地，只好轉而將龐統推薦給了劉備。誰知道愛才心切、一直欽慕龐統才華的劉備也犯了和孫權同樣的錯誤，他見龐統貌醜，只讓他當了個縣令。幸好龐統才華橫溢、難以掩蓋，無意中被張飛見識到了他的才幹，向劉備極力推薦，劉備這才委任龐統副軍師一職。

孫權因為看人重相貌，就這樣和龐統失之交臂，失去了一位難得的人才。對於領導者來說，絕不能只透過相貌和表情來認識一個人，相貌只能做為「識人」的一種輔助手段。正所謂「以貌取人，失之子羽」，單憑外在的東西去識別一個人，那麼就很有可能背離客觀公正的態度，最終錯失人才。

一個高明的管理者應該具備卓越的識人眼光，看人要看本質、看潛力、看發展，不能只重文憑，聽信對方的片面之詞，更不能從相貌來判別優劣，而應該從這個人的實際工作表現和工作態度來判斷一個人是否適合這個職業、這個企業。

　　同時，現在企業的領導者不光要會看人，還要會培養人，真正聰明的管理者會懂得從學識、智慧、能力等方面盡可能的培養人才，給員工更多的機會去成長、去完善自身，給員工更多的機會，也就是給自己的企業更大的成長。

杜拉克
是當代最受推崇的管理大師。他率先提出了最多重要的管理理論，包括目標管理、民營化、顧客導向、資訊社會等。杜拉克認為，沒有任何決策比用人決策的影響更深遠。他強調，新人到職三、四個月後就應該專注於現職的需求，而非從事上個職位的要求。主管必須釐清並明確告知新職內容，若未做到這一點，屬下表現不佳就應該要怪主管自己。

胡雪巖以財攬才
——重用人才

要重用人才、要招攬人才、要收服人心，待之以誠當然是必須的，但如何顯示自己的誠意卻是大有文章。

胡雪巖是19世紀7、80年代的中國商界名人，他白手起家，從錢莊一個小夥計開始，構築起了以錢莊、當鋪為依託的金融網，開辦藥店、絲棧，最終成為顯赫一時的紅頂商人。

胡雪巖的成功，很重要的一個原因就是他善於「用人」，以長取人，不求完人。他說：「一個人最大的本事，就是用人的本事。」胡雪巖收攬人才的方法更令人稱道。他用厚利來收買人心，以誠相待、用人不疑，不但調動了手下人的積極性，而且使得許多人對他感恩戴德，追隨一生。

胡雪巖在籌辦阜康錢莊的時候，急需一個得力的助手。經過觀察，他決定讓原大源錢莊的一個普通夥計劉慶生來擔此大任。錢莊還沒有開業，周轉資金都沒有到位，胡雪巖就決定給劉慶生一年200兩銀子的薪水，還不包括年終的分紅。一個夥計突然得到這樣的重用和高薪，讓劉慶生激動不已，他誠懇地對胡雪巖說：「先生，您這樣待我，說實話，我打從心裡感激您。銀子可以用完，但是人心是不會變的。先生，以後有什麼事，您只管吩咐！」就這樣，胡雪巖一開始便安了劉慶生的心，讓他真心為自己辦事。

為了進一步拉攏人心，胡雪巖還替他考慮到了家裡的事情，他讓劉慶生把留在

家鄉的父母、妻兒接來杭州，這樣他既可以守在父母身旁，又可以為錢莊效勞。這樣周到的安排讓劉慶生感激涕零，從此盡心盡力為胡雪巖辦事。

一些小小的安排與照顧，便得到了一個有能力又忠心耿耿的幫手，從此阜康錢莊的具體營運，胡雪巖幾乎可以完全放手不管了，簡直可以說是一本萬利。

胡雪巖還以利激人，特設「功勞股」，就是從盈利中抽出一份特別紅利，專門獎勵對胡慶餘堂有貢獻的人。此功勞股是永久性的，一直可以拿到本人去世為止。

有一次，胡慶餘堂對面一排商店失火，火勢迅速蔓延，眼看無情的火焰撲向胡

慶餘堂門前的兩塊金字招牌，店裡的夥計孫永康毫不猶豫地用一桶冷水將全身淋濕，迅速衝進火場，搶出了招牌，頭髮、眉毛都被火燒掉了。胡雪巖聞訊，立即當眾宣佈給孫永康一份「功勞股」。這樣的獎勵讓所有的夥計們都更加盡心盡力，一心為他辦事。

要讓一個人全心全意的付出，使人才的創造力得到最大程度的發揮，首先必須給這個人一個能夠發揮自己能力的平台，讓他感覺到自己是被重視的，他才會積極的去發揮自己的所長，為

企業服務；其次，應該讓這個人的個體利益和企業的集體利益有關連，當企業利益和個體利益休戚與共的時候，個人必然會付出最大的努力，而這也就是要求企業建立完善的激勵機制，刺激員工某種符合組織期望行為的反覆強化和不斷增強，最終達到組織的發展壯大。

　　總而言之，管理者應該給予員工良好的發展空間，並找對員工的真正需要，將滿足員工需要的措施與組織目標的實現有效的結合起來，這才是對待人才的基本態度。

道格拉斯‧麥格雷戈（1906年～1964年）
美國著名的行為科學家，人性假設理論的創始人，管理理論的奠基人之一，X-Y理論管理大師，50年代末期湧現出的人際關係學派的中心人物之一。道格拉斯‧麥格雷戈是人際關係學派最具有影響力的思想家之一。他的學生評價他說：「道格拉斯‧麥格雷戈有一種天賦，他能理解那些真正打動實際工作者的東西。」

選法官
——管理者的實踐知識

管理工作的開展是在實踐中進行的。管理者要做好管理工作，就必須掌握、瞭解與工作需要相關的實踐知識。

很久以前，在西班牙有一位國王，被稱作彼得羅一世，國王彼得羅一世手下有一位法官，他判案十分公正認真，百姓都認為他是正義的化身。但是有一天，這位法官去世了。讓誰來做法官呢？國王彼得羅一世決定在全國範圍內公開選拔。

經過層層篩選，有三個人在眾多參加選拔的人中脫穎而出。這三個人分別是宮廷裡有名望的貴族、曾經陪伴國王南征北戰的勇敢武士和一個很普通的中學教師。剩下最後一關考驗了，國王決定親自考驗他們，通過考驗者將成為法官。

這一天，國王在文武百官的陪同下來到城裡考驗這三個人。城中的百姓都來觀看國王是如何考驗這三位候選人的，同時也想看看未來的法官是如何承受考驗的。

國王帶著眾人來到一個池塘邊，只見池塘裡漂浮著幾個柳丁。

國王首先問他們三個人:「你們看見池塘裡的柳丁了嗎?我今天要出的考題就是這幾個柳丁。」大家都覺得很奇怪,用幾個柳丁來考驗未來的法官?這未免有點太荒唐了。

在大家百思不得其解的時候,國王開始講話了,他首先問貴族:「池塘裡一共有幾個柳丁啊?」貴族雖然不明白國王的用意,但他還是走到池塘邊,仔細地數了一下,然後回答道:「回陛下,一共是六個柳丁。」

國王什麼都沒說,接著問武士同樣的問題:「池塘裡一共漂著幾個柳丁啊?」武士根本就不用走到池塘邊就看清了有幾個柳丁,他回答道:「回陛下,我也看到了,是六個柳丁。」

這時圍觀的百姓更糊塗了,開始議論紛紛,不明白國王為什麼要用這麼簡單的問題來考驗未來的法官。

現在只剩下那個普通的教師了。國王最後也問了教師同樣的問題:「池塘裡一共有幾個柳丁啊?」

這位教師並沒有像貴族和武士一樣直接回答國王,而是脫下鞋子,跳到池塘裡把柳丁一個個拿了上來,然後認真地回答國王說:「回陛下,一共是三個柳丁,這三個柳丁是被從中間切開放在池塘裡的。」

這時國王滿意的點了點頭說:「你知道如何執法,法官就是你了。」

身為掌控著法律公正的法官,僅有理論知識是不夠的,還必須有著實踐的能力,有探索事實的行動。對現代管理者來說也是一樣,也必須有著豐富的實踐知識,並能夠從中總結經驗。

　　身爲一個執行著管理職能的管理者，也應該全面熟悉管理範圍內的操作技術，有一定的時間參加與管理職位相關的業務操作，不懂業務的管理者就好像是紙上談兵，無法眞切的瞭解企業的動向，只有掌握了專業的技能，才能更好、更有效的進行管理，制訂目標並帶領員工實現目標。

佛雷德里克‧溫斯洛‧泰勒（1856年～1915年）
出生於美國費城傑曼頓一個富有的律師家庭，是美國古典管理學家、科學管理的主要宣導人。泰勒一生致力於科學管理，他的著作包括《計件工資制》（1895年）、《車間管理》（1903年）、《科學管理原理》（1912年）。泰勒在他的主要著作《科學管理原理》（1911年）中提出了科學管理理論。

鉅鹿決戰
──激發員工的團隊精神

士氣高昂、活力充沛的團隊可以將整個企業牢牢地結合在一起，更好地發揮整體的作戰能力。

　　秦二世二年（西元前208年），秦將章邯率兵20萬攻破邯鄲（今屬河北）。趙地的反秦武裝首領趙王歇及張耳退守到鉅鹿（今河北平鄉西南），被秦將王離的20萬人圍困。章邯屯兵鉅鹿南棘原，供應王離軍隊的糧草。王離的軍隊接連數日進攻鉅鹿，形勢已經十分危急。趙王歇派遣使者向楚、齊、魏、燕等反秦武裝求救。

　　楚懷王接到趙王歇求援的書信，派宋義為上將軍，帶著次將項羽、末將范增北上救趙。但是宋義卻是一個膽小怕事、自私自利的小人，他取得懷王的信任，騙取兵權，卻不敢和秦軍拼一死活。

　　當宋義的部隊行軍到安陽（今山東省曹縣東）的時候，便命令全軍原地休息，但是這一休息就是40多天，宋義每天躲在大帳中飲酒作樂，從不提出兵援趙的事。次將項羽來見宋義說：「救兵如救火，現在形勢十分危急，我們應該立即率兵渡過黃河，與趙王歇來個裡應外合，就一定能夠大敗秦軍！」宋義斜著眼看了項羽一下，慢吞吞地說：「你怎麼會懂得用兵！我們的目標是消滅秦軍，我的主意是先讓秦趙拼個你死我活，我們可以坐收漁翁之利。在戰場上衝鋒陷陣，我比不上你，要說出謀劃策，你可就比我差遠了。」

　　宋義衝著他的背影冷笑著，隨即起草了一道命令，公佈於全軍說誰不服從命

令，一概砍頭。

一天早晨，項羽全副武裝，大步跨進宋義軍帳，再次要求立即出兵救趙。宋義大發脾氣，喊：「我的軍令已下，難道你要以頭試令嗎？」項羽大吼一聲：「我要藉頭發令！」話音剛落，宋義的腦袋也跟著落地了。項羽走出帳來，對士兵宣佈說：「宋義暗地裡計畫謀反，楚王下令叫我殺了他。」將士們早已不滿宋義的懦弱，又見項羽勇猛威勢，都表示願意服從他的指揮，並擁立項羽代理上將軍一職。

項羽先派都將英有、蒲將軍率領兩萬人做先鋒，渡過灣水，切斷秦軍運糧通道。然後，項羽率領主力渡河。渡過了河，項羽卻突然命令將士，每人只准帶三天的乾糧，而且把軍隊裡做飯的鍋碗全砸了，把渡河的船隻全部鑿沉，連營帳都燒了，並對將士們說：「我們這次打仗，有進無退，三天之內，一定要把秦兵打退。」

項羽破釜沉舟的決心和勇氣，對將士起了很大的鼓舞作用。楚軍把秦軍的軍隊包圍起來，個個士氣振奮，越打越勇。一個人抵得上十個秦兵，十個就可以抵上一百。經過九次激烈戰鬥，活捉了秦軍首領王離，其他的秦軍將士有被殺的，也有逃走的，圍困鉅鹿的秦軍就這樣瓦解了。

當一個團體處於失敗邊緣的時候正是最關鍵的時候，如果失去了信心，大家都

產生離心，那這個團體必然會失敗，但如果能夠激發出大家的團隊意識，讓大家聯合起來，背水一戰，往往可以起死回生。

　　一個團結的集體就是一個不可被戰勝的集體。要團結起集體中的每一個人，就必須讓他們有著切身感、壓迫感和成就感。也就是說，要讓員工覺得他和這個集體是一體的，這是他自己的事業；要讓員工感覺他無法離開這個集體，如果這個集體失敗，那他也是失敗的，迫使他不能不努力；要讓員工感覺到自己能夠充分發揮自己的所長，能夠獲得最大的成就感。這樣，員工才能真正的將自己融入這個集體中，真正做為這個集體的一員來工作。

曾仕強

中國式管理大師，全球華人中國式管理第一人。曾仕強現任台灣智慧大學校長，台灣交通大學教授，台灣興國管理學院校長，成功雜誌首席顧問，中國統一促進會理事長。主要著作有《總裁領導學》、《21世紀易經管理法》、《點評胡雪巖成功之道》、《人性管理》、《孫子兵法與人力自動化》、《卓越經理人的必修課》等百種管理著作。

請將不如激將
——激發員工的動力

即時適度的激勵能非常有效地激發員工的工作積極性。

晏子是春秋後期齊國的名相，是一位重要的政治家、思想家、外交家，他博學多才，能言善辯，一心爲民，促成了齊國的興盛。

齊景公時期，齊國有三個大力士公孫捷、田開疆、古冶子，因爲勇猛異常，他們被合稱爲「齊國三傑」。這三人很得齊景公的寵愛，於是漸漸恃寵而驕，爲所欲爲。晏子擔心「齊國三傑」驕縱妄爲，勢力漸長，對齊國造成危害，曾經私底下勸齊景公要除掉「齊國三傑」，但是齊景公執迷不悟，沒有理睬。於是晏子心裡暗暗拿定了主意：用計謀除掉他們。

有一次，魯國的國君魯昭公訪問齊國，齊景公在大殿召集大臣設宴招待魯昭公，魯國由大夫叔孫培執行禮儀，齊國由晏子執行禮儀。君臣四人坐在堂上，「三傑」佩劍站在大殿的台階上，態度十分傲慢。晏子經過他們身邊時，心生一計，決定趁機除掉這三個心腹之患。

當宴席正熱鬧、兩位國君喝酒正酣時，晏子提議說：「園中的金桃已經熟了，摘幾個來請二位國君嚐嚐鮮吧！」於是齊景公傳令去摘桃子，這時晏子又說：「金桃非常難得，還是讓臣親自去吧！」

不久，晏子端著盤子回到大殿上了，不過盤子裡只放了六個金桃，這六個金桃個個碩大新鮮，桃紅似火，香氣撲鼻，令人垂涎。齊景公問：「就結了這幾個金桃

嗎？」晏子說：「其他的都不太熟，所以只摘了這六個。」 說完就恭恭敬敬地獻給魯昭公、齊景公每人一個金桃。齊景公說：「這種金桃很難得到，叔孫大夫天下聞名，應該吃一個。」叔孫培謙虛地說：「我不敢當啊，晏相國治國有方，應該讓晏相國吃一個。」於是二人爭執不下，齊景公說：「既然這樣，那二位就各吃一個吧！」晏子謝過齊景公，說：「現在還剩兩個金桃，我們應該看看各位誰的功勞大，就給誰吃。」齊景公認為這樣很好，便按照晏子的意思傳令下去。

剛傳下命令，公孫捷就上到大殿上說：「我功勞最大，有一次我跟隨主公去打獵，突然有一隻猛虎向主公撲去，是我眼明手快，拼盡全力將老虎打死了，救了主公。這樣的功勞難道不應該得到一個金桃嗎？」 晏子說：「冒死救主，功比泰山，應該吃一個金桃。」公孫捷接過桃子便吃了。

古冶子看到這種情況，不甘示弱，連忙上前來激動地說：「那有什麼了不起的？有一次，我護送主公渡過黃河，有一隻鼈咬住了主公的馬腿，馬就被拖到急流

中去了。主公危在旦夕，在這千鈞一髮的時刻，我跳到河裡殺死了那隻鼈，主公才獲救了，我立了這樣的功勞，難道不應該吃一個金桃嗎？」齊景公接著說：「當時的情況確實危急，如果不是將軍把鼈怪斬除，我的命就保不住了，古將軍奇功蓋世，應該吃個金桃。」於是古冶子就得到了最後一個金桃。

這時，田開疆著急了，大喊道：「我奉主公之命討伐徐國，斬殺他們的主將，俘獲500多人，從此徐國國君對我國稱臣納貢，鄰近幾個小國見到這種情況也都歸附了齊國，如此之大的功勞，難道不應該吃一個金桃嗎？」這時晏子急忙勸說道：「田將軍的功勞比公孫將軍和古冶將軍大十倍，可是金桃已經分完，請喝一杯酒吧！等樹上的金桃熟了，先請您吃。」齊景公也勸說道：「是啊，田將軍的功勞最大，可惜你說晚了一步，金桃已經分完了。」

齊景公話音剛落，田開疆就生氣地說：「我為國轉戰南北、出生入死，反而比不上殺鼈打虎的功勞，吃不到金桃，讓我在兩位國君面前受如此奇恥大辱。」說著就拔劍自刎了，公孫捷大吃一驚，拔出劍來說：「我的功小而吃桃子，真沒臉活了。」說完也自殺了。古冶子也沉不住氣了：「我們三人是兄弟之交，他們都死了，我怎能一個人活著？」說完也拔劍自刎了。

魯昭公看到這個場面無限惋惜地說：「我聽說三位將軍都有萬夫不當之勇，可惜為了一個桃子都死了。」

晏子正是利用了「三傑」的好勝心理，成功解除了他們對齊國的威脅。有句話叫「請將不如激將」，晏子的行動雖然是為了消除他們的危險，這裡的激勵是負面行為，但激勵更多的是可以做為一種積極的促進手段，起到加強、激發和推動的作用，並且能引導和指導行為指向目標。

針對性格不同的員工，在不同的時間和不同的情緒狀態下要採用不同的激勵手

段。有的員工需要表揚，一旦得到肯定和讚許，他們就會奮勇當先、幹勁十足，但如果面對批評，則會一蹶不振，從此喪失了信心；有的員工則恰好相反，適當的批評和指責會讓他認真反省自身的不足，不斷地完善自身。因此，一個管理者必須學會情感管理，根據具體情況確定激勵方式，以外在刺激產生內在驅動力，對於員工的心理狀態施加影響，進而調動員工情緒，達到工作的最佳狀態。

威廉·大內

Z理論創始人，最早提出企業文化概念的人。威廉·大內是日裔美籍管理學家，是美國斯坦福大學的企業管理碩士，在芝加哥大學獲得企業管理博士學位。他從1973年開始轉向研究日本企業管理，經過調查比較日美兩國管理的經驗，於1981年在美國愛迪生維斯利出版公司出版了《Z理論───美國企業界怎樣迎接日本的挑戰》一書，在這本書中，他提出Z理論，並最早提出企業文化概念，其研究的內容為人與企業、人與工作的關係。

楚莊王絕纓——善待優秀人才

寬容大度是現代管理者健康心理的重要表現，這種素質反映在管理者身上，就可以像潤滑劑一樣，使人與人之間的磨擦減少，增強領導者與被領導者之間的團結，提高群體相容水準。

春秋時期，有一次，楚莊王大宴群臣，所有文武大小官員，連宮內的寵姬妃嬪，都獲邀出席宴會。

席間奏樂歌舞，美酒佳餚，君臣都快樂地狂飲，宴會進行到黃昏了還沒有盡興。楚莊王便下令點燃燭火，繼續喝酒，還叫他最寵愛的美人許姬，輪流向各位大臣敬酒。

正在妃子敬酒的時候，忽然吹來一陣風，把燭火吹熄了，整個大殿黑漆漆的。這時有一位官員趁機揩油，還抓住了她的衣帶，許姬連忙將衣帶扯回，又順手扯斷這個人的帽帶，摸黑回到楚莊王身邊說：「我剛才奉命獻酒，有個人趁機調戲我，我扯斷了他的帽帶，大王快叫人點起燭火來看誰沒有帽帶。就把他帶出去殺了。」

楚莊王聽了，大聲地說：「寡人今晚高興，一定要與各位同醉，現在先不要點蠟燭，大家都把帽帶摘下來，我們再來痛痛快快地喝酒。」

文武百官不明白這是怎麼回事，但是大王下令摘帽帶，便都把帽帶摘下來了，楚莊王這才命人點燃燭火，大家都沒有了帽帶，也就看不出是誰輕薄了許姬。

席散回宮，許姬責怪楚莊王把那個有傷大體之人放了，楚莊王卻笑著說：「在宴會，就是要進行喝酒，有人酒後失態，是人之常情。如果把那個人找出來，降罪

於他，那就折損了一位有用之人，也掃了大家的興，何必呢？」

許姬聽後，雖然不樂意，但也不再說什麼了。這就是有名的「絕纓會」。

三年之後，楚國和晉國開戰，楚莊王三番兩次落入險境，都有一位將軍挺身而出，拼死相護，救得楚莊王脫離險境。而且每次交戰此人必定衝鋒陷陣，連續五戰都立得首功，幫助楚國擊潰晉軍，大勝而歸。

楚莊王不解他為何如此拼命，於是叫來此人詢問，這個人跪下回答說：「我就是當日在宴會上趁酒醉輕薄許姬之人啊，大王寬宏大量，不計較我一時酒後失態，感念大王宏恩，一直無以為報，這次打仗，才終於得到機會效勞，豈敢不拼命。」

玉有瑕，但無掩玉之美，人有過錯，但絕不能就此抹煞他的功績和貢獻。總盯著下屬的失誤，是一個管理者最大的失誤。

一個優秀的人才並不是全才，他一樣也會有失誤和犯錯的時候，在面對下屬的微小過失的時候，如果管理者能夠寬容的原諒他，不僅不責怪他，反而變責備為激勵，變懲罰為鼓舞，這樣必然會讓下屬感激涕零，加倍努力的為這個公司工作，這樣，不僅保全了員工的體面，還換來了一個更加忠誠的員工，產生了更大的動力，這才是一個優秀的管理者所應該採取的方式。

羅伯特·布萊克
美國應用心理學家。羅伯特·布萊克的主要成就是他在行政管理領域所從事的工作。1964年他與簡·穆頓合著出版了《管理方格》一書，該書提出了管理方格理論和管理方格圖，醒目地表示出主管人員對生產關心程度和對人的關心程度。管理方格理論認為，在企業領導工作中往往出現一些極端的方式，或者以生產為中心，或者以人為中心，或者以Ｘ理論為依據而強調靠監督，或者以Ｙ理論為依據而強調相信人。

宰相的智慧
——管理者的個體素質

俗話說：「喊破嗓子，不如做出樣子。」這就是強調管理人員以身作則的重要性。

從前，有一個宰相，他有一個兒子，雖然聰明伶俐，但是很貪玩，不怎麼愛讀書。宰相的妻子非常重視兒子的前途，她每天不辭勞苦地勸告兒子要努力讀書，將來成為像他父親一樣的人物，並且在讀書之餘還讓他習武以強健身體，學習禮儀，懂得禮貌，教導他忠於國君……等等。

然而宰相每天早上離開家去上朝，晚上回來就進書房看書去了。有時有點空閒時間也是在自家花園習武練劍，從來就沒有過問過兒子的學業和生活。

有一天，愛兒心切的宰相夫人終於忍不住了，她對宰相說：「你別只顧你的公事和看書，你也該好好地管教管教你的兒子啊！」

宰相依然眼不離書地說：「我時時刻刻都在教育兒子啊！」

宰相夫人一聽這話急了，說：「你就知道看書，何時問過孩子都學了些什麼嗎？孩子懂不懂禮貌你也不知道，習不習武你也不知道，你說你都知道什麼呀？」

這時，宰相面帶微笑的看著夫人，不急不徐地說：「夫人別著急，聽我說，如果我只知道叫孩子去學這個學那個，可是我自己卻每天沉淪於玩樂，什麼也不學的話，那孩子怎麼會接受我們的意見呢？我現在每天都看書學習，是讓孩子看到，他的父親可以做到這些，他也應該可以做到，只要我為他創造一個積極的環境，他還

104

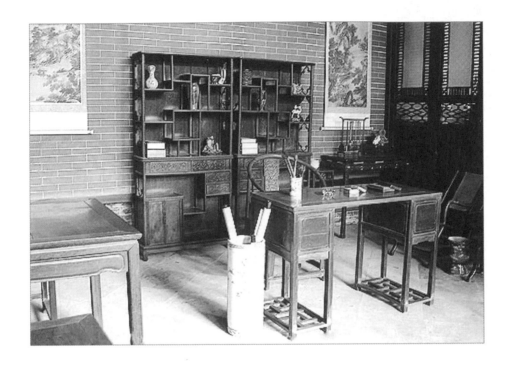

怎麼會不去學習呢？」

聽完宰相的話，宰相夫人會心地笑了。

父母是孩子的第一個老師，他們的行為會潛移默化地影響孩子的行為，同樣的，一個領導者的行為也會清楚的被員工們看在眼裡，進而影響到員工的工作態度和責任心。

很多的領導者，自己要求下屬按時上下班，工作認真，可是自己卻天天遲到，在上班時間處理私事，那樣只能換得下屬背地裡的鄙夷和陽奉陰違，而下屬也一定會對工作懈怠起來。

平心而論，對一個領導者來說，下屬的努力和工作成果，會直接的對他的切身

利益造成影響，因此，就算是從自身利益出發，領導者也應該以身作則，做好下屬的榜樣。員工的行為總是下意識或者是潛意識中跟隨著管理者，並把管理者的行為做為自己的規範來要求自己不斷向更高層次靠近的，因此，一個有責任心的領導者一定會是一個努力工作、時時刻刻嚴格要求自身的領導者。

佛雷德里克・赫茨伯格

美國心理學家、管理理論家、行為科學家，雙因素理論的創始人。赫茨伯格曾獲得紐約市立學院的學士學位和匹茲堡大學的博士學位，之後在美國和其他30多個國家從事管理教育和管理諮詢工作，是猶他大學的特級管理教授，曾任美國凱斯大學心理系主任。赫茨伯格在管理學界的巨大聲望，是因為他提出了著名的「激勵與保健因素理論」即「雙因素理論」。

宰相肚裡能撐船
——領導者的寬容

英明的領導者，應當具有廣闊的胸懷、寬宏的氣量。沒有容人之量，便不能用人之才，進而也就失去了自己的魅力。

在古時候，有一個理髮師，由於技藝精湛，就被請去為當朝宰相理髮。理髮師從來沒有為宰相這麼大的官理過髮，心裡不免緊張，在理髮師為宰相修臉時，由於緊張，一不小心把宰相的眉毛給刮掉了。這可怎麼辦？理髮師想，為宰相理髮竟然犯這樣的錯誤，這下自己的小命不保了。

理髮師也是個聰明的人，深知人的一般心理：盛讚之下無怒氣。於是他急中生智，停止了為宰相理髮，兩眼卻直愣愣地看著宰相的肚皮。

宰相正在閉著眼睛等理髮師為

自己理髮，卻久不見動靜。他不由得睜開眼睛，想看看究竟怎麼回事，卻看到理髮師在對著自己的肚皮發呆，感到莫名其妙的宰相迷惑不解地問道：「你不修面，卻盯著看我的肚皮，這是為什麼呢？」

理髮師看到時機已到，便裝出一副傻乎乎的樣子說：「大家都說宰相肚裡能撐船，但是我看到您的肚皮比常人的大不了多少，怎麼能撐船呢？」宰相一聽理髮師這麼說，哈哈大笑道：「那是說宰相的氣量最大，對一些小事情，都能容忍，從不計較的。」

理髮師聽到這話，「撲通」一聲跪在地上，聲淚俱下地說：「小的該死，方才為您修面時不小心將您的眉毛刮掉了！您大人有大量，請千萬恕小的不死。」

宰相聽到理髮師這麼說，不禁勃然大怒：把我的眉毛刮掉了，你這個理髮師是怎麼理髮的，讓我以後怎麼面對百官？宰相正要派人把這個理髮師拉出去痛打一頓，可是想起剛剛的事，立刻明白了：自己剛才還說宰相的氣量最大，怎麼能為了這點小事而治他的罪呢？

於是，宰相便豁達溫和地說：「沒有關係，你去把筆拿來，把刮掉的眉毛畫上就是了。」

為什麼一定要「宰相肚裡能撐船」呢？因為在上的領導者一定要有廣闊的胸襟。職位越高、權力越大，就越要保持一種寬容豁達的態度來面對下屬，這樣才能夠虛心聽取各種不同的意見和建議，才能認真的去改進自己在決策上的失誤和偏差，保證集團的正常運轉。

而一個管理者的寬容不僅表現在接納意見上，同時也應該體現在對待下屬的工作上，一個好的管理者應該有著容錯的氣量。如果管理者把所有精力都放在為下屬

挑錯上，那麼員工們也會把所有精力都放在遮蓋缺點、隱瞞錯誤上，這樣，團隊中的人都互相戒備，員工也失去了自信，喪失了工作的熱情，這樣無疑會最終傷害到企業的利益。所以，寬容大度應該是一個管理者必備的素質。

阿曼德‧費根堡姆
出生於紐約市。他先後就讀於聯合學院和麻省理工學院，1951年畢業於麻省理工學院，獲得工程博士學位。費根堡姆是全面品質控制的創始人。他主張用系統或者說全面的方法管理品質，在品質過程中要求所有職能部門參與，而不侷限於生產部門。這一觀點要求在產品形成的早期就建立品質，而不是在既成事實後再做品質的核對總和控制。

日立「鵲橋」──重視員工

重視員工培訓是增強企業競爭力的有效途徑。

　　大多數企業都禁止內部員工戀愛。但是日本的日立公司就沒有這樣的規定，不僅如此，日立公司還專門為職工開設了「婚姻介紹所」，這個「婚姻介紹所」歸人力資源部門管理。他們把公司內所有單身的職員的學歷、愛好、家庭背景、身高、體重等資料輸入一個名叫「鵲橋」的公司內部電腦網路。在這裡，只要是日立的員工，並向人力資源部遞交一份求偶申請書後，這名員工就有權調閱電腦檔案，申請者往往利用休息日坐在沙發上慢慢地、仔細地查閱這些檔案，直到找到滿意的對象

為止，一旦他選中了誰，聯繫人會將挑選方的一切資料寄給被選方，被選方如果同意見面，公司就安排雙方約會，而且約會後雙方都必須向聯繫人報告對對方的看法。

　　有一名叫田中的工程師，在剛進日立公司不久，就在同事的鼓動下，把個人資料登錄到了「鵲橋」電腦網路，申請寫好後，田中就利用休息日的時間慢慢的查閱其他員工的資料。透過這種方式，田中認識了同樣在日立公司上班、做接線員的富澤惠子，兩個人在「鵲橋」的幫助下見了面，並開始約會，一起吃飯。一年後，他們結婚了，而婚禮同樣是由公司來操

辦的，他們無需為婚禮的事而費心。

現在，12年過去了，田中還在日立公司兢兢業業地上班，因為對他來說，公司就是他的家。

如何讓一個員工對企業產生歸屬感？一個簡單的辦法就是，讓他在企業中感覺到如家庭般的溫暖氛圍，這樣他便會安心的待在這個企業中，同時也會更加積極的工作。

對一個企業來說，一個運轉良好的企業，不僅需要服務好客戶，建立與供應商之間的良好關係，更要照顧好自己的員工。如果不能好好對待自己的員工，那員工也就不會全心全意為企業付出，就不會好好對待公司的客戶，也就更不可能顧及到企業的利潤，這樣，最後傷害的還是企業的利益。

對企業管理者來說，應該在企業內部樹立起「管理者為員工服務，員工為企業服務，企業為社會服務」的共同價值觀，建構起和諧團結的企業文化，最終贏得企業利潤的最大化。

保羅‧赫塞

一位全球公認的領導力大師、世界組織行為學大師、情境領導模型的創始人，一生致力於領導力研究。保羅‧赫塞不僅是一位卓越的領導力理論大師，同時還是享譽世界的教育家、演說家。「美國領導力研究中心」的創始人和主席。保羅‧赫塞認為，「執行力」的本質是「領導力」，企業執行力的獲得，要靠推行情境領導，即根據被領導對象的情況來決定自己的領導方式和行為。

周亞夫嚴明軍令
——德才兼備

一個才德兼備的領導者掌握了權力，就抓住了管理手下的要點，遇到任何情況都能靈活應變，佔據主動。

　　西元前158年，匈奴結集重兵，大規模地進犯漢朝北部邊境。漢文帝任命宗正（官名）劉劄爲將軍，駐軍灞上；任命祝茲侯徐厲爲將軍，駐軍棘門；命令河內郡守周亞夫爲將軍，駐軍細柳，讓他們分別守衛京城長安附近三個戰略據點，防備匈奴進攻。

　　有一天，漢文帝想要親自去慰勞軍隊，他先來到灞上和棘門軍營，守營將士見皇帝親臨，都毫不阻攔，任他長驅直入，而將軍以下的軍官都騎著馬迎進送出。

　　當文帝最後來到周亞夫的細柳軍營時，情況卻截然不同了：這裡戒備森嚴，軍官和士兵都披著鎧甲，手裡拿著擦得雪亮的刀槍，張開了弩搭上箭。

　　文帝的先行官吏來到營門，門衛卻不肯讓他們進去。那些先行官說：

「皇上就要到了！」可是守衛營門的都尉卻嚴肅的說：「將軍有令，『軍中只聽將軍的命令，不聽皇上的命令。』」

過一會兒，文帝的車駕到了，也被擋在外面。門衛卻還是不讓他們進去。於是，文帝只好派使者拿了符節憑證進營去向將軍周亞夫傳詔令：「我要進軍營慰勞將士。」這時周亞夫才下令打開營門，迎接皇帝的車駕。進去的時候，守衛營門的軍官還鄭重地對文帝的隨從人員說：「將軍有規定，軍營內，車馬不許奔跑。」文帝聽了，只好吩咐放鬆馬的韁繩，慢慢地走著。

文帝來到中軍營帳，只見將軍周亞夫全副武裝，手執兵器，威風凜凜地站在那裡。他見了文帝，只拱手表示歡迎說：「啓稟皇上，臣戎裝在身，按例是不應下拜的，請允許我以軍禮朝見皇上。」文帝聽了，大為震驚，在車上嚴肅地進行答禮。

慰勞完畢，文帝離開軍營。出了周亞夫的細柳軍營門，隨從的官員對周亞夫的行為十分不滿，覺得他完全沒把皇上放在眼裡，可是文帝卻讚嘆地說：「這才是真正的將軍！灞上和棘門兩處的隊伍，就像兒戲一樣，如何能護衛我大漢。如果敵人來偷襲，恐怕他們都會被俘虜的。」

過了一個多月，匈奴兵散，文帝就任命周亞夫為中尉，負責京城的治安。

古代治軍如此，現代管理企業亦然。同樣一個企業，經營環境並沒有什麼大的變化，但不同的管理者，做出來的結果卻有可能大相徑庭。

權力是把雙刃劍，在才德兼備、堪負大任的人手中，它可以創造出巨大的財富，引導企業走向成功，但如果是一個道德淪喪又不懂得出謀劃策的人，那這個企

業就不可避免的要走向死亡。

　　對一個企業領導者來說，道德修養和領導才能缺一不可。良好的道德修養和人格魅力是成爲員工榜樣必不可少的條件，一個有德之人，才能在員工面前建立起自己的威信，才能讓員工信服；卓越的領導才能是管理者進行企業戰略決策的關鍵，能夠讓管理者明確企業的發展方向和發展模式，領導企業朝良好的方向發展。

小湯瑪斯・沃森（1914年～1993年）

IBM（國際商用機器公司）的開拓者，有史以來最偉大的資本家。他在自己的著作《一個企業和它的信念》中闡述了自己的商業理念，對企業價值觀的重視，對於客戶的管理、建立長期關係。他最基本的管理理念可以用下面這句話概括：「IBM就是服務。」

一條腿的鴨子
——善於讚美員工

優秀的管理者會真正地重視他們的員工，並將這種重視體現在真誠讚賞中。

有一位王爺，特別愛吃烤鴨，於是重金聘請了一位精研烤鴨的廚師，每天為他烤一隻鴨。

這位廚師技藝精湛，每天烤出的鴨，香嫩可口，非常好吃。王爺吃得津津有味，廚師在旁邊看著王爺吃得不亦樂乎，等著王爺吃完烤鴨給自己一份獎賞，甚至只是一次口頭誇讚，但是，直到吃完整隻烤鴨，王爺也沒有說半個好字，也不提給廚師獎賞的事。每天都是如此，使得廚師整天悶悶不樂。

有一天，王爺家有位客人從遠方來，在家設宴招待貴賓，豐盛的飯菜中有一道就是貴賓最喜愛吃的烤鴨。

廚師又奉命為王爺做了一隻鮮嫩可口的烤鴨，但是，當王爺夾了一隻鴨腿給客人時，卻找不到另一隻鴨腿。他便命人叫來廚師，問廚師說：「另一隻鴨腿怎麼沒有了？」

廚師說：「啟稟王爺，我們府裡養的鴨子都只有一條腿！」王爺感到很奇怪，但礙於客人在場，便沒有深究。

送走了客人之後，王爺就要去看看府裡養的鴨子是不是都是一條腿。當時天色已晚了，鴨子都縮了一條腿在樹蔭下站著休息。

這時，廚師說：「王爺，您看，鴨子都只有一條腿啊！」

王爺知道這些鴨子不可能都一條腿，只是牠們現在正在休息，所以用一條腿站立。於是王爺大聲拍掌，鴨子都被吵醒了，紛紛伸出另一條腿，四散走開了。

王爺對廚師說：「鴨子不全是兩條腿嗎？」

廚師不慌不忙地說：「是的，王爺，假如您早鼓掌的話，那鴨子老早就是兩條腿了。」王爺也是一個聰明人，他明白了廚師這麼做的用意，是在埋怨他從不讚美烤鴨好吃，不禁莞爾一笑。

就像故事中的廚師一樣，人們都想被別人肯定自己的重要性與價值。美國著名企業家瑪麗·凱有一句經驗之談：「要成為一個優秀的管理人員，你必須瞭解讚美別人會使你成功，讚美是一種不可思議的力量。」

所以，一個聰明的管理者，懂得仔細的發現和欣賞每一個員工的長處，並隨時隨地的加以讚賞。管理者的關注和表揚能夠激起員工的士氣，讓他更好的投入工

作，缺乏上級的表揚，會讓員工覺得做好做壞一個樣，做與不做一個樣，最終喪失了工作的熱情。日常生活中點點滴滴的讚美有如春雨，能夠滋潤員工的心靈，引導員工的成長，並將在日後得到員工加倍的報答。

詹姆斯‧赫斯克特

哈佛商學院UPS基金企業物流教授，《公司文化與經營業績》合著者之一。詹姆斯‧赫斯克特針對客戶、服務、客戶保持力、員工的能力及工作成效等課題發表了大量著作。他曾教授的課程有服務管理學、商業政策、市場行銷、商業物流管理和通用管理學。

晏嬰侍奉三朝的秘密
——與領導者相處的藝術

管理者除了領導下屬人員外，還得與上級領導者和同級同事打交道，還得學會說服上級領導者，學會和其他部門同事緊密合作。

晏平仲，名嬰，齊國萊地夷維人。他輔佐了齊靈公、莊公、景公三代國君，在齊國一直受到人們的尊重，並揚名於諸侯各國。能夠得到三代國君的信任，可見在和「領導者」相處方面，晏嬰頗有自己的方法。

齊景公剛剛即位的時候，晏嬰並沒有得到重用，只被派去治理東阿（山東阿城鎮）。在治理東阿的三年裡，齊景公不斷聽到了許多關於晏嬰的壞話，因此很不高興，便把晏嬰召來責問，並要罷免他的官職。

晏嬰謝罪說：「臣已經知道自己的過錯了，請大王再給臣一次機會，讓我重新治理東阿，三年後，臣保證讓您聽到讚賞的話。」齊景公想了一下便同意了。三年後，齊景公果然聽到有許多人在說晏嬰的好話，這下他非常高興，決定召見晏嬰，要重賞他。誰知卻被晏嬰推辭了，齊景公很奇怪，問晏嬰為什麼不接受賞賜。

晏嬰便把兩次治理東阿的真相說了出來。他說：「臣三年前治理東阿，秉公辦事。臣修橋築路，為百姓做好事，損害了那些平時欺壓百姓的富紳的利益，遭到他們的反對；臣斷案不畏豪強，依法辦事，又遭到了豪強劣紳的反對；臣對待朝廷派來的貴官，也一律照章辦事，從來不送禮逢迎，於是又遭到了貴官的反對。這樣一來，這些被臣損害了利益的人都一齊散佈我的謠言，大王聽後自然對臣不滿意。後

來的三年裡，臣便反其道而行之，那些原來說臣壞話的人，開始誇獎臣了。臣以為，前三年治理東阿，大王本應獎勵臣，反而要懲罰臣；後三年大王應懲罰臣，結果卻要獎勵臣，所以臣實在不敢接受。」

齊景公聽完晏嬰這一番話，才知道自己輕信身邊人的話，顛倒黑白，如今才真正知道晏嬰的確是個賢才，於是齊景公就讓晏嬰輔佐自己治理齊國。

還有一次，晏嬰陪同齊景公到已經滅亡的紀國故地去遊玩，手下人無意撿到了一個精美的金壺，便呈給景公。景公看到金壺裡面刻著「食魚無反，勿乘駑馬」八個大字，便說道：「吃魚不吃另一面，是因為討厭魚的腥味；騎馬不騎劣馬，是嫌牠不能跑遠路。」眾人連聲附和，稱讚景公解釋的精到。

這時候，晏嬰卻開腔了：「臣覺得這八個字裡面包含的是治國的道理。『食魚無反』是告誡國君不要過分壓榨百姓；『勿乘駑馬』是告誡國君不要任用那些無才無德的人。」景公覺得不服氣，反駁道：「如果紀國知道這麼好的治國道理，那他們怎麼還會亡國呢？」晏嬰回答道：「臣聽說，君子們的主張應該高懸於門上，這樣才能讓大家時時刻刻將它牢記在心裡。紀國卻把這名言刻在壺裡，不能經常看見，就不會時刻提醒自己要這樣去做，能不亡國嗎？」景公恍然大悟，頻頻點頭。並對隨從的大臣們說：「大家要記住金壺裡的格言。」

晏嬰一直善於在日常生活中用這樣委婉的方式勸諫君王，而且這種方式也往往容易讓君王接受。在君王犯錯、輕信的時候，他也不會直接去對抗或反駁上級，而

是透過具體的行為讓君主自己瞭解到事情的真相，進而達到勸諫的目的。

　　伴君如伴虎，在古代帝王身邊服侍的臣子，既要讓君主不覺得被駁斥，又要能夠達到勸諫的目的，就必須巧妙的掌握勸諫的技巧。到了今天也是一樣，領導者同樣也會犯錯，當領導者犯了錯時，一般人都不敢直接指出來，這時候，就需要採用藝術和委婉的方式進行勸諫。在知識經濟的今天，影響上司更是每個員工不可或缺的工作內容和技能，不光可以對領導者進言，指出領導者的錯誤，同樣也可以從領導者那裡接受指導和學習經驗。

　　面對自己的上司，部屬應該在上司心中建立起可信度和同理心，這是理性溝通的先決條件，這樣才能得到施展才華的機會，要與領導者保持良好的溝通，有著順暢的互動，才能夠得到有效的指導和幫助，藉以提高自身的工作業績。

亨利・明茨伯格

在全球管理界享有盛譽的管理學大師，經理角色學派的主要代表人物。他是最具原創性的管理大師，對管理領域常提出打破傳統及偶像迷信的獨到見解。他在組織管理學方面的主要貢獻在於對管理者工作的分析。他在《管理工作的實質》一書中揭示了管理者的三大類角色：人際角色、資訊角色、決策角色，仔細觀察了管理者的工作及其對組織的巨大作用，並就如何提高管理效率為管理者提供了建議。

張良拾鞋——處事藝術

真正的強者總是善於隱藏自己的鋒芒，成熟的管理者應該掌握一種外圓內方的管理、處事技巧。

張良，字子房，漢初三傑之一。傳爲漢初城父（即今安徽亳州市東南）人。張良的祖父是戰國時期韓國的宰相，父親張平也是韓國的宰相，到了張良這一代時，韓國已經被秦國佔領。從家境顯赫的貴公子一下變爲了亡國之人，懷抱著亡國之恨，張良一直矢志要反秦復韓。

懷著報國復韓的雄心，張良變賣家產，到處求訪刺客。後來找到能掄起五十斤重大錘的一位大力士。於是張良就開始計畫刺殺秦始皇。秦始皇二十九年（西元前218年），秦始皇離開都城東遊，張良趁著秦始皇出遊的機會，決定實施刺殺計畫。他和他找來的大力士在博浪沙伏擊秦始皇的車隊，結果沒有成功只打中了副車。

刺殺秦始皇沒有成功，張良還被懸賞通緝，他只好隱姓埋名，逃到下邳（今江蘇睢寧北）躲避風聲。

有一天，張良信步走到沂水圯橋頭，看到一位老翁，穿著粗布短袍。當張良從他身邊走過時，這位老翁故意把鞋丟到橋下，然後傲慢地指使張良道：「喂，小子，下去給我撿鞋！」張良很生氣，但是看到老翁年紀如此大了，就強忍著沒有發作，下橋去把他的鞋撿了回來。鞋撿回來之後，老翁更是過分，他命令張良給他穿上，這時候張良想，如果他不是個老人，非揍他一頓不可。但轉念一想，既然做了好事就做到底吧！於是，張良強壓著心中的怒火，跪在老翁面前，幫他把鞋穿上。

　　穿上鞋之後，這位老翁不但不謝謝張良，反而仰天大笑而去。張良感到很奇怪，呆呆地看著老翁走了，但是老翁走了沒多遠又回到橋上。對張良說：「你小子可以教導教導！」並讓張良在五天後的凌晨在這個橋頭相會。張良不知道老翁是什麼人，爲什麼要見自己，但他還是恭敬的答應了老翁的約會。

　　五天後，雞叫的時候，張良趕到橋頭，誰知那位老翁已經在橋頭等著了。老翁看到張良便斥責道：「與老人約會，怎麼能遲到呢？你五天後再來吧！」說完就離開了。五天之後，張良比第一次起得更早，卻還是比老翁晚到了一步。老翁又讓他五天後再來。這一次，張良在半夜時就在橋上等著老翁。天還沒亮的時候，老翁就來了。老翁看到張良早早地等在那裡，也並沒有過多的表示欣喜，只是送給了張良一本書，說：「等你學會了這本書上的東西，就足以興邦安國，爲帝王師了。」然後就揚長而去。這位老翁就是傳說中隱身岩穴的高士黃石公，也被稱作「圯上老人」。

　　等天亮了以後，張良才看到這本書是《太公兵法》。從此，張良認真研讀兵書，終於成爲一個深明韜略、文武兼備、足智多謀的人才。

　　秦二世元年（西元前209年）七月，陳勝、吳廣在大澤鄉點燃了全國的反秦烈火。隨後，全國各地的反秦武裝風起雲湧。一直以來以反秦爲己任的張良也聚集了100多人，舉起了反秦的大旗。後因勢單力薄投靠劉邦。張良和劉邦一見如故，共同商討奪取天下的對策。劉邦在作戰中能夠採納張良的謀略，也因此捷報頻傳，使得隊伍不斷擴大，最終建立了大漢王朝。

　　張良的行爲看似窩囊，但其實並不軟弱。在明顯比對方強的情況下，還能夠處處禮讓，這其實是一種極爲高尚的品德，也正是這種品德，爲他贏得了更廣闊的天空。

　　一個成熟的管理者應該能夠調控自己的心態，他需要懂得如何去激勵自己，讓自己傾盡全力去做自己應該做的事。員工的工作也許還需要管理者的激勵，但管理者自身就只能靠自己來約束和激勵自己了，因此，對自我的調控是十分重要的。

　　同時，管理者還要學會如何控制自己的脾氣，特別是對那些脾氣暴躁、易怒的管理者來說，突然的情緒爆發容易導致不理性的行為，進而容易導致人際關係的破裂乃至企業決策的偏差，所以，控制好自己的主管情緒，用理性客觀的態度去對待工作，是一個管理者必須做到的。

亨利‧法約爾

法國科學管理專家。管理學先驅之一。1885年出任法國最大的礦冶公司總經理達30年。在實踐和大量調查研究的基礎上，提出了管理功能理論。法約爾的管理功能理論認為管理功能包括計畫、組織、命令、協調和控制。法約爾的管理功能理論在歐洲有深遠的影響，也曾為美國傳統行政學派所接受。主要著作為《一般管理和工業管理》。

不辯而明——以退為進

盲目地前進只是莽夫的行為，懂得以退為進，才是智者。

公孫弘是兩漢歷史上著名的經學家，他宣導儒學，精通《公羊春秋》。

公孫弘家境貧寒，年輕時當過管監獄的官吏，但不久就因為犯了錯而被罷官。為了侍養母親，公孫弘便在海邊靠放豬謀生。直到四十多歲時，他才開始專心學習《公羊春秋》。他學習十分刻苦，很快就成為著名學者，深受家鄉人推崇，在當地享有很高的威望。

武帝建元元年（西元前140年），漢武帝剛剛即位，就下詔招選賢良文學之士。這時的公孫弘已經六十歲，也以賢良的身分被徵召入京。被徵召入京後不久，公孫弘就得到漢武帝賞識，被任命為丞相。

漢武帝時期，社會上奢侈浮誇之風盛行，然而公孫弘在做了丞相之後，並沒有因為身分、地位的提高而改變自己的生活習慣。他依然簡樸，睡覺只蓋布被，吃飯時都只吃一種肉菜和只去殼的糙米飯，家裡沒有任何的貴重物品。他的俸祿基本上都只用來供養母親和接待朋友。

他的行為受到了很多人的讚揚，然而，還有人覺得他太過節儉，不合常理，實際上是沽名釣譽。

有一次，主爵都尉汲黯就向漢武帝上奏公孫弘的節儉是在沽名釣譽。當漢武帝為此事詰問公孫弘時，他坦誠地說道：「確實是這樣的。不過每個人做事，都有自己的目的和原則。我記得管仲做齊國的宰相，有三處豪宅，奢侈豪華超出了一般國

君，而齊桓公靠他稱霸，這是對上越於國君；晏嬰是齊國的宰相，一頓飯從不吃兩種以上的肉菜，妻妾也不穿絲織品，齊國不也治理得很好嗎？現在我身爲三公，卻蓋布做的被子，生活和一般百姓一樣，確實是希望得到一個清廉的好名聲。汲黯對我的批評很對，他眞是個大忠臣，要是沒有汲黯對皇帝的忠誠，陛下您哪能聽到這樣的眞話呢？」

公孫弘的回答機智而得體，既不推諉辯護，反而稱讚指責他的汲黯，讓漢武帝十分滿意，覺得能夠坦白承認自己的私心，又能夠虛心聽取他人的意見，確是賢能，從此更加重用他。

不論公孫弘究竟是個什麼樣的人，他的行爲究竟是爲了什麼目的，但他的表現顯然是一種非常聰明的行爲。坦然的承認自己沽名釣譽，反而給了眾人這樣一種印象：公孫弘非常寬宏大量。而沽名釣譽的行爲，僅僅只是個人的一種無傷大雅的癖好，並不會傷害到他人，更不會影響到政治，所以更不會遭到指責了。

以退爲進，是人生中的一種大智慧。退並不是簡單的退讓與放棄，而是爲了選擇適當的時機所做的暫時的蟄伏。有時候，強行的進攻只會弄得兩敗俱傷、傷痕累累，如果能夠緩一緩，然後看準時機出手，或許會有更大的收穫。

另外，身爲一個企業的管理者，肯定會受到更大的關注，也就是說，會更有機會遭到誤解或批評，面對這些，如果強行辯解或者反駁容易造成反效果，還不如退一步，坦然面對這些言論，反而更能讓大家自行看清眞相。

大衛‧麥克利蘭（1917年～1998年）
美國社會心理學家，1987年獲得美國心理學會傑出科學貢獻獎。他在《美國心理學家》上發表論文，指出招募中常用的智商和個性測試對於選取合格員工的無力和不足，他認爲企業招募應建立在對應徵者在相關領域素質的考查基礎之上，應採用SAT測試方法。

皮格馬利翁效應——用人不疑

積極的期望促使人們向好的方向發展，消極的期望則使人向壞的方向發展。想要使一個人發展更好，就應該給他傳遞積極的期望。

希臘神話中有一個故事：賽普勒斯的國王皮格馬利翁是一位非常出色的雕塑家，有一天他雕出了一位異常可愛的象牙少女。這個女孩子太過完美，以致於皮格馬利翁很快就愛上了它。他給這個少女取名叫蓋拉迪，他為它穿上美麗的、紫金相間的長袍，他每天都溫柔的擁抱它、親吻它，呼喚著它的名字，後來，他開始向眾神祈禱，祈求神賜給他一個如蓋拉迪的妻子。終於有一天，當他再次來到雕像邊時，他發現雕像開始發生變化，雕像的臉頰漸漸泛出紅色，眼睛裡開始閃動著光芒，它開始活了起來。蓋拉迪張開嘴，微笑著對皮格馬利翁說話，天使般的嗓音在屋子裡迴蕩。從此，它就成為了皮格馬利翁的妻子。

時間發展到1968年，有兩位美國心理學家來到一所小學，他們從一至六年級中各選3個班，要在學生中進行一次「發展測驗」，測驗哪些學生有發展前途。他們列出了一群有著優異發展可能的學生，並把名單通知有關老師，然後就離開了。

8個月後，他們又來到這所學校進行複試，結果發現名單上的學生成績有了顯著進步，而且情感、性格更為開朗，求知慾望強，勇於發表意見，與教師的關係也特

126

別融洽。

實際上，這次測驗是心理學家進行的一次期望心理實驗。他們提供給老師的名單是隨機抽取的，並不是經過專業測試後認定的有優秀發展可能的學生。兩位心理學家其實是透過「權威性的謊言」暗示教師，名單上的學生是優秀的，雖然教師始終把這些名單藏在內心深處，但掩飾不住的熱情仍然透過眼神、笑貌、音調滋潤著這些學生的心田，實際上他們扮演了神話故事裡的皮格馬利翁的角色。而學生則潛移默化地受到影響，因此變得更加自信、奮發向上，於是他們在行動上就不知不覺地更加努力學習，結果就有了飛速的進步。這個令人讚嘆不已的實驗，後來被譽為「皮格馬利翁效應」或「期待效應」或「羅森塔爾效應」。

後人將皮格馬利翁效應具體的總結為：「說你行，你就行，不行也行；說你不行，你就不行，行也不行。」

研究顯示，如果一個人長期處於不被重視和激勵，甚至充滿負面評價的環境中，往往會受到負面資訊的左右，對自己做出比較低的評價。但如果將此人放在充滿信任和讚賞的環境中時，他卻很容易受到鼓勵，因此行動更為積極，心態更為健康向上，最終能夠做出更好的成績。所以，當管理者任用他人的時候，就應該相信他的能力，要將自己的要求清楚明確的傳達給對方，同時給予對方積極肯定的期望，這樣才能激發對方的責任心和自信心，更好的投入工作。

肯·布蘭查德
被認為是「最有智慧」的管理大師，是美國著名的商業領袖，他是管理寓言的鼻祖。出版過《一分鐘經理人》、《共好：啟動公司的每一個人——從老闆到員工》、《全速前進》、《擊掌為盟》、《顧客也瘋狂》、《一分鐘道歉》、《縮小差距！》等書。

兩捲教學錄影帶
——激發員工的自信心

管理工作中十分重要的一部分是對人的管理，人力資源管理主要是透過激勵來實現的。

1982年，美國威斯康辛大學的研究人員在研究成人學習進程這一專案時，曾做了這樣一個有趣的實驗。

研究人員首先把一批學員分開組成兩支保齡球隊，然後對他們進行短期的訓練，訓練之後讓他們進行比賽，由於水準相差不大，兩隊進行了幾場比賽，也沒有明顯的勝負。

在他們比賽的時候，研究人員將全部的比賽過程都錄了下來，並將錄影帶分別提供給了兩支隊伍，以便他們能藉助錄影帶來提高隊伍的球技。所不同的是，分發給兩支隊伍的錄影帶採用了不同的編輯方法。第一支球隊收到的錄影帶所展現的全是他們在比賽中的失誤和糟糕的表現；第二支球隊收到的錄影帶所顯示的則全是他們比賽中的精彩之處。

在觀看了錄影帶之後，兩支球隊各自的球技都獲得了提高。但是在後來的比賽中，第二支球隊表現得卻格外的好，並以極大的優勢輕鬆戰勝了第一支球隊。

這是為什麼呢？研究人員認為，第一支球隊看到自己以前的比賽情況，將焦點

都聚集在失誤和過錯上，使得隊員產生了疲憊、厭倦、責備、抗拒等消極情緒；而第二支球隊看到的都是他們比賽中的精彩之處，便將注意力集中在表現優異的一面，則使隊員的創造性、熱情、自信以及渴望成功的慾望等積極情緒得到了極大的提高和調動。這個試驗就是為了說明對人的正面激勵更有效，更能激發人的鬥志。

很多管理者在管理中都遵循著嚴格管理的原則，制度無情，管理的嚴格顯然是必要的，但多數管理者都有一個誤解，那就是「嚴格」必然是對錯誤、失敗的嚴格處理，於是往往都忽略了正面引導的意義所在。

工作性質、領導行為、個人發展、人際關係、薪酬福利和工作環境等諸多方面，都會影響到一個人的工作積極性，因此，一個有著良好企業文化的公司，必然會有著科學系統的激勵制度。在制訂制度之初，企業就應該分析、收集與激勵有關的資訊，全面瞭解員工的需求，不斷根據情況的改變制訂出相對的政策，以達到更好的激勵員工的目的。而員工也可以從企業制度化的物質及精神獎勵中，獲得相當的滿足感和成就感。

大衛‧尤里奇
美國密西根大學羅斯商學院教授、人力資源領域的管理大師，在美國《商業週刊》舉行的調查中，他是最受歡迎的管理大師，他被譽為人力資源管理的開拓者。尤里奇主張，在新的形勢下，人力資源部不能僅僅是行政支援部門，還應該是企業的策略夥伴、變革先鋒、專業日常管理部門和員工的主心骨。

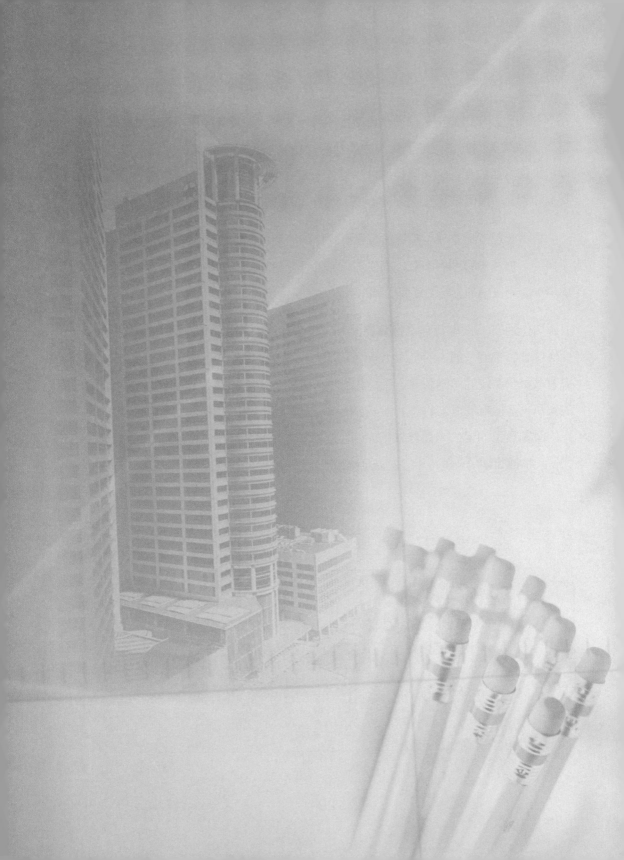

第四章

現代管理過程

挖一口井——制訂計畫

計畫，是人們為了實現一定目標而制訂的未來行動方案。

　　從前有兩座相鄰的山，每座山上都有一座廟，每座廟裡各有一個和尚。在這兩座山之間有一條小溪，住在兩座廟裡的和尚都喝這條小溪裡的水，而且他們會在每天的同一時間下山挑水，時間一長，這兩個和尚便成了好朋友。每天下山挑水已經成了他們約定俗成的事。

　　時間隨著溪水潺潺流逝，一轉眼，這兩個和尚住在這裡已經五年了。五年後的一天，左邊山上的和尚沒有下山挑水，右邊山上的和尚心想：可能是睡過頭了吧！以前他也起晚過。便沒有在意，挑完水就回自己的廟裡了。

　　可是當他第二天來挑水的時候，左邊山上的和尚還是沒有下山挑水，第三天、第四天……一個星期過去了，左邊山上的和尚還是沒有下山挑水。右邊山上的和尚終於忍不住了，心想：我的這位朋友是不是生病了，我得去看看他，一個人生病了沒人照顧是不行的。

　　於是，右邊山上的和尚準備了一些食物和藥品，爬上了左邊的這座山，去探望他相處五年的朋友。

　　但是當他到達左邊山上的廟裡時，卻看到他的老朋友正在打太極拳。看來他沒有生病，也不像一個星期沒有

喝水的人。於是他好奇地問：「你已經有一個星期沒有去山下挑水了，你不用喝水嗎？」左邊山上的和尚說：「我怎麼能不喝水呢？你隨我來，我讓你看一樣東西。」於是左邊山上的和尚帶著右邊山上的和尚走到寺廟的後院，原來他的後院有一口井。左邊山上的和尚說：「在過去的五年裡，我每天做完功課後都會抽空挖這口井，即使有時很忙，能挖多少就算多少。如今終於讓我挖出井水，我就不用再下山挑水，我可以有更多時間練我喜歡的太極拳。」

　　五年來不斷的挖井不是為了當下，而是為了未來每天都不必挑水就有水喝，所以，挖一口井是在給未來投資。每個人應該都對自己的人生有一個長遠的規劃，訂下自己的目標，而一個企業也是一樣，應該有著明確的計畫。

　　計畫職能被稱為管理的首要職能，因為對一個企業來說，它所有的經營管理活動，都是圍繞著企業目標的實現而展開的。計畫工作為企業經營管理提供了明確的目標，這個目標是企業其他管理活動的依據，是管理者衡量經營管理效果的標準，是企業組織設計的標準依據，管理者以計畫目標為依據進行指揮和控制，所以，計畫是一個企業的核心，是企業管理中不可缺少的部分。

哈樂德・孔茨（1908年～1984年）
美國當代最著名的學家之一，西方管理思想發展史上管理過程學派最重要的代表人物。孔茨擔任過企業和政府的高級管理人員、大學教授、公司董事長和董事、管理顧問，給世界各國高層次管理集團人員講課。自1941年以來，撰寫了大量的有關管理理論的專著和論文，許多重要著作被翻譯成多種文字，對世界很多地區管理理論的發展產生過重要影響。

探驪得珠──抓住時機

對管理者來說，善於抓住時機是非常重要的，這是取得事業成功必不可少的因素。

很久以前，有一戶人家住在黃河邊上，全家人只能靠割蘆葦編簾子簸箕為生，生活得十分艱辛。

有一天，兒子又去黃河邊割蘆葦，當時正是正午，烈日當空，曬得他頭昏眼花，他便坐到河邊的樹蔭下休息。望著眼前的河水在陽光下閃耀著粼粼波光，他忽然想起父親說過，在河的最深處有許多珍寶，價值連城，可是同時還有一條叫做驪龍的凶猛黑龍在看守著這些寶物，雖然很多人曾動念去取寶，但至今也沒有一個人能夠生還。看著閃耀著的金光似乎是那些寶物的光芒，兒子忽然想，我們一家人辛辛苦苦，從早忙到晚，結果連飯都吃不飽，要是我能夠潛到河底找到珍寶，那我們就再也不用像現在這樣每天勞碌了。想到這裡，兒子把心一橫，三兩下脫了衣服，一頭潛進河裡。

剛開始還看得見四周有小魚游來游去，繼續往深處游去，河水變得越來越冷，四周也越來越暗，魚兒再也看不見了。最後，兒子什麼也看不見了，四周漆黑一片，河水涼得刺骨，他心裡驚慌不已，不知道該往哪個方向游。正在猶疑間，他忽然看到不遠處有亮光，他再游近一點，定睛看去，居然是一顆圓潤光澤的明珠。他趕緊游過去，雙手抱住明珠，使勁一拽，明珠就到了他懷裡。明珠在懷，他連忙浮出水面，上岸後拔腿就往家跑。

回家後，兒子急忙拿著明珠給父親看，父親一見之下，大驚失色，問他是從哪裡得來的，兒子將經過詳述了一遍，父親聽完，鬆了一口氣說：「好險哪！你知道

嗎？這顆價值千金的明珠就是長在黑龍的下巴底下的，你摘它的時候黑龍必定是睡著了。要是醒著，你可就沒命了。」

故事中的兒子是勇敢的，但是，如果沒有黑龍睡覺這個時機，他也不會成功的取出明珠。想要取得成功，善於抓住時機是非常重要的，對一個人是如此，對一個企業亦是如此。

管理學家哈洛爾德·康茨和西瑞爾·奧登納爾在他們的著作中強調，「認識機會是規劃的真正出發點」，只有把握好機會，才能「建立起現實主義的目標」，提出可行性方案。能不能抓住機會，是一個企業管理者能否成功的關鍵所在，一個管理者，必須學會認識時機、把握時機和創造時機。盲目的冒進只可能遭受到巨大的損失，但害怕和猶豫又會讓大好的機會白白失去，只有掌握到每一次機會出現的規律，利用好當時的客觀條件，才能獲得成功。

莉蓮·吉爾布雷斯（1878年～1972年）
心理學家和管理學家，是弗蘭克·吉爾布雷斯的夫人，也是美國第一個獲得心理學博士的女士，被稱為「管理第一夫人」。著作《管理心理學》。她在1915年獲得布朗大學的博士學位。1924年，當弗蘭克·吉爾布雷斯辭世後，她接替了丈夫的工作，並且使自己也成為工業界的一個榜樣。

孫冕罷鹽——明確決策

正確的行為來自於正確的心識，因為只有正確的心識才能明理有別，做出科學的正確決策。

宋朝時的海州知府孫冕很有經濟頭腦，凡事都能夠思前想後，而不是只顧眼前利益。因為海州靠海，所以當時的發運司準備在海州設置三個鹽場，這樣可以大大增加當地老百姓的收入，人們知道後都非常高興，可是孫冕卻偏偏反對，他提出了許多理由，堅決反對在當地設置鹽場。後來發運使親自來到海州洽談鹽場設置之事，孫冕還是堅持己見，不讓發運使在這裡設場。

當地的老百姓本以為可以開辦鹽場，增加一些收入，結果好事成空，紛紛指責孫冕不懂得顧惜百姓利益，甚至有百姓當街攔著孫冕的轎子，向他訴說設置鹽場的好處。孫冕對百姓解釋說：「我有我的理由，從長遠來看，開辦鹽場並不是一件好事。官家買鹽雖然能獲得眼前的利益，但如果以後鹽太多賣不出去，三十年後我們就會自食惡果了。」然而，孫冕的警告並沒有引起人們的重視。

在任期間，孫冕始終沒讓發運司在海州建立鹽場，然而沒幾年孫冕離任後，海州很快建起了三個大鹽場。建起鹽場之後，百姓的生活確實大大改善，然而沒多

久，很多流寇盜賊聽聞此地富庶，紛紛來此作惡，當地的刑事案件越來越多。幾十年後，由於運輸、銷售不通暢，囤積的鹽日益增加，鹽場開始虧損負債，可是徭役賦稅卻仍是年年見漲，很多人破產，弄得民不聊生。這時候百姓們才明白孫晃反對建立鹽場的苦心。

孫晃在制訂一個經營決策的時候，綜合考慮了各方面的因素，並對未來的可能因素做出了估計，他的決策是正確的。但是他的決策沒有被採納，於是造成了海州鹽場破產的後果。

在商業競爭日趨激烈的今天，快速、準確的決策是企業決勝市場的重要保障。經營決策失誤的一個原因，就是對決策的問題沒有從歷史到現實、從內部到外部、從主觀到客觀全面地進行調查研究工作，獲得的資訊不夠準確、全面、即時。一個優秀的管理者，一定要能夠全面、準確的把握市場的發展前景，結合當下的背景，預測企業發展的趨勢和所應採取的相關策略。

弗蘭克·吉爾布雷斯
1868年出生在美國緬因州費爾菲爾德。他在體力勞動的操作方法上很有造詣，被稱為「動作研究之父」。他和妻子共同創造了一種衡量方法，透過它，有助於進一步打破衡量和管理的界限，他們同時還制訂了人事工作中的卡片制度——這是現行工作成績評價制度的先驅。

王珪鑒才——團隊的力量

團隊是由員工和管理層組成的一個共同體，它合理利用每一個成員的知識和技能協同工作，解決問題，達到共同的目標。

唐太宗時期，有一位叫王珪的大臣很善於鑒別人才。在一次宴會上，唐太宗對王珪說：「我聽說你善於鑒別人才，尤其善於評論。你能不能從房玄齡開始，對大臣們做一下評論，比較一下他們的優點和缺點。並說說你在哪些方面比他們優秀。」

王珪回答說：「房玄齡一心為國操勞，每天都孜孜不倦的處理公務，凡是他知道的事沒有不盡心盡力去做的，這方面我比不上房玄齡；魏徵常常留心於向皇上直言進諫，希望皇上的德行能趕得上堯舜，這方面我比不上魏徵；李靖將軍文武全才，既可以在外帶兵打仗保衛國家，又可以在朝廷事務上擔任宰相職務，這方面我比不上李靖；溫彥博向皇上報告國家公務，詳細明瞭，宣佈皇上的命令或者轉達下屬官員的彙報，能堅持做到公平、公正，這方面我比不上溫彥博；戴冑在朝政方面處理繁重的事務，善於解決難題，而且辦事有條不紊，這方面我不如戴冑。但是我的優點是批評貪官污吏，表揚清正廉署，嫉惡如仇，好善樂施，這方面是我的專長，在這方面我可能比其他人要強吧！」

唐太宗聽他分析的很有道理，而被王珪評論的那些大臣也都認為他說得很對，說出了他們的真實想法。

從王珪的評論我們可以看出，唐太宗非常善於用人，他不求全才，而善於任用有各個專長的人，能將人才放到適合他們的職位上，使他們都能夠發揮自己的專

長，進而使整個國家繁榮富強。

在唐太宗身邊的大臣們，每一個都有自己的長處和短處，但唐太宗懂得讓他們各自發揮自己的長處，這樣截長補短，結合起來便是一個完整且出色的團隊，這便是團隊的力量了。

企業也是一樣，一個企業的成功，絕對不是依靠個人的聰明才智建立的，它必然是一個通力合作的優秀團隊所打造出的結果。個人的力量是有限的，團體的力量是無窮的，個人必須依賴團隊，在團隊的幫助中不斷的獲得成長，並贏得成功，而團隊也需要一個個彼此合作、親密無間的個體，才能保證團隊的活力和持久發展。

在一個團隊中，每個人為了滿足團隊的要求，就必須調整自身，保持自己長期處於巔峰狀態，當彼此都打起精神，互相支持的時候，這個團隊就是一個無堅不摧的團隊。在一個企業中，當員工之間、各部門之間都以共同目標為基礎，建立起彼此的信任，分享各自的資訊，向同樣的目標努力，那這個企業就是一個生機勃勃的企業，也必然能創造出更大的價值，在市場競爭中立於不敗之地。

詹姆斯·馬奇
出生於1916年，1953年獲得耶魯大學博士學位，之後在卡內基工藝學院任教。1964年擔任加州大學社會科學院的首任院長，1970年成為斯坦福大學的管理學教授。馬奇被公認為是過去50年來，在組織決策研究領域最有貢獻的學者之一，他在組織、決策和領導力等領域都頗有建樹。

四顆糖——人性化管理

人性化管理雖然允許你在工作中出錯，但它會告訴你這樣做是錯的，會帶來什麼樣的危害，你應該怎麼做會更好。

陶行知是中國近代極有影響力的人民教育家。他的觀念是，自有人類以來，生活就是教育，哪裡有生活，哪裡就有教育，教育沒有時間和空間的限制。

陶行知先生曾經擔任過一所小學的校長。有一天，他在校園裡看到一個小男孩，他正在用泥塊砸一位同學。陶行知就讓他放學後到校長室來。

放學後，陶行知先生來到校長室，那個小男孩已經等在那裡了，陶行知問這個小男孩叫什麼名字，小男孩回答說：「我叫王友。」問完之後，陶行知並沒有指責王友，反而送給了他一顆糖，說：「這是獎勵你的，因為你按時來到這裡，而我卻遲到了。」

王友不解地接過了糖果。這時，陶行知先生又拿出一顆糖遞給王友說：「這顆糖也是獎勵你的，因為在我制止你不要打人的時候，你立即停住了手，這說明你很尊重我，所以我應該獎勵你。」

王友還是不明白陶行知先生是什麼意思。

陶行知先生又從口袋裡掏出一顆糖遞給王友說：「我已經問過知情的同學了，你砸那個男生是因為他欺負女同學，你那樣做說明你很正直，並且勇於和壞人抗

爭，所以應該獎勵你。」

聽到這裡，聰明的小王友才知道，陶行知先生是在教育他，他感動得流著淚說：「陶校長，是我不對，您懲罰我吧！我砸的不是壞人，而是自己的同學呀！」

這時，陶行知滿意地笑了，他又掏出第四顆糖，遞給王友說：「爲你正確地認識錯誤，我再獎勵你，給你一顆糖。」

當王友接過糖之後，陶行知先生說：「好啦，我的糖沒了，我看我們的談話也可以結束了。」

陶行知不愧爲一位偉大的教育家，他的偉大很大程度上就在於他精通人性，懂得以一種人性化的方式來進行教育。

企業管理也是一樣，制度無情，但人不能無情。企業只有瞭解了人性，才能對錯綜複雜的人際關係和員工的行爲和動機進行有效的引導和管理，進而根據企業各個階段的發展要求界定不同的員工管理方式。

一個管理者，首先應該懂得尊重下屬，要給予他們充分的關愛、信任與鼓勵，當滿足了員工受尊重的要求之後，才可能獲得員工的回饋，同時，管理者還必須多

與員工進行溝通和交流，瞭解員工的心理活動和感想，對於員工的想法進行適當的指導和勸解，特別是要適度的肯定員工，這樣才能達到激勵員工的最終目的。

瓊‧伍德沃德
是權變理論學派代表人物，英國女管理學家，不列顛大學教授，組織設計權變理論主要代表人物之一，開創了公司生產過程類型的技術型模式，著有《經營管理和工藝技術》、《工業組織：理論和實踐》、《工業組織：行為和控制》。

老外買柿子
——眼光要放長遠

企業想成功不一定需要最好的產品、技術或者人才，而是需要培養自己對現有資源、環境的最強整合能力——即戰略規劃。

有一個美國的攝製組來到中國，想拍一部關於農民生活的紀錄片。這個攝製組來到一個農村，找到了一位種柿子的農民，說要買1000個柿子，並要拍攝他從樹上摘柿子和貯存的過程，價錢是20美元。這位種柿子的農民覺得很划算，就欣然同意了。

不一會兒，這位種柿子的農民找來了一位幫手，他們兩個分工合作，一人爬到柿子樹上，用綁有彎鉤的長桿，看準長得好的柿子用勁一擰，柿子就掉了下來。下面的一個人就從草叢裡把柿子找了出來，撿到一個竹筐裡。上面摘柿子的人摘得很快，柿子滾得滿地都是，而樹下撿柿子的人也眼明手快，把地上的柿子都一一撿到竹筐裡，並不時地和樹上的人話家常。美國人看到這種情況覺得很有趣，把整個過程都拍下來了。最後還把他們貯存柿子的過程也拍了下來。

拍完這些之後，這個攝製組付給這位柿農20美元，然後就要離開了。柿農收了錢以後看到他們並沒有拿走柿子，就奇怪的說：「你們來買柿子，最後付了錢怎麼不拿走柿子呢？」美國人說不好帶，也不需要帶，他們買這些柿子的目的已經達到了，這些柿子還是請他自己留著。

怎麼會有這麼好的事情呢？柿農越想越不明白，他認為是美國人嫌這些柿子不

好不要了，就生氣地說：「我種的柿子很好的，附近村的人都知道，不信你們嚐嚐，吃了之後你們就知道我的柿子是最好的了。」這個攝製組的人請翻譯給這位柿農解釋清楚，翻譯解釋了半天，說並不是嫌他的柿子不好，而是他們的目的只是拍攝他們摘柿子和貯存柿子的過程，並不是真正想要柿子。翻譯費了好大工夫，這位柿農才似懂非懂地點點頭，同意讓他們走。但他卻在背後搖搖頭感嘆說：「沒想到世界上還有這樣的傻瓜！」

其實柿農不知道的是，他雖然沒有賣柿子卻白白得了20美元，但是美國的攝製組拍攝的他們採摘和貯存柿子的紀錄片，卻可以賣更多的錢。在柿農眼裡，柿子是重要的，但是在那些美國人眼裡，他們看重的是柿農那種獨特有趣的採摘、貯存柿子的生產生活方式。一個柿子在市場上只能賣一次，但如果將柿子製成「資訊產品」，一個柿子就可以賣一千次、一萬次甚至千千萬萬次。

這就是柿農和美國人的眼界不同所帶來的不同的經濟收益。

對柿農來說，花錢買來的東西卻不要，這是件很奇怪的事，但對這幾個美國人來說，他們看重的是背後更大的經濟收益。這就是人與人的差別，同時也可以是企業決策者與企業決策者的差別。

在企業中，決策者是像柿農一樣只看到眼前的比較直接的「小利益」，還是能把眼光放長遠一些，發現更大但比較隱蔽的「大利益」呢？

一名稱職的管理者，應該有長遠的戰略眼光，能夠為企業發展設定一個明確的目標，讓全體員工都能有共同的目標理想。有高遠的理想，才能有長期堅持下去的動力，才能逐漸的發展壯大。為了獲取微小利益的短期行為只會導致企業的短壽命，聰明的管理者會在放棄眼前的微小利益的同時，獲得更大的利益。

阿爾伯特·班杜拉

新行為主義的主要代表人物之一，社會學習理論的創始人，認知理論之父，美國當代著名心理學家，現任斯坦福大學心理學系約丹講座教授。他是新行為主義的主要代表人物之一，社會學習理論的創始人。他認為來自於直接經驗的一切學習現象實際上都可以依賴觀察學習而發生，其中替代性強化是影響學習的一個重要因素。

猶太人的選擇
——有組織的知識體系

資訊的暢通是企業發展的前提。

有一個美國人、一個法國人和一個猶太人由於不同的原因，同時被判了三年監禁，但是監獄長說可以答應他們每個人一個要求，讓他們打發在監獄裡的這三年時間。

那個美國人嗜菸如命、愛抽雪茄，於是他向監獄長要了三箱上好的雪茄。監獄長答應了他的條件，給了這個美國人三箱雪茄。

那個法國人非常浪漫，便要求監獄長讓他在這三年裡和一個女子一起度過。監獄長也答應了他的條件，給這位法國人找了一位漂亮的女子。

但是猶太人的條件卻很特殊，他想要一部與外界溝通的電話。監獄長也答應了他的條件，給了這位猶太人一部電話，以便於他隨時和外界溝通。

白駒過隙，三年的時間很快就過去了。

出獄那天，那位美國人急急忙忙地出來了，只見他手裡夾滿了雪茄，邊跑邊大聲地喊道：「給我打火機，給我打火機。」原來三年前他忘了向監獄長要打火機。

第二個出來的是法國人，只見他手裡抱著一個孩子，她身旁的美麗女子挺著大

肚子牽著另一個孩子。

最後出來的是猶太人，他緊緊握住監獄長的手說：「這三年來，我每天與外界聯繫。因此，我的生意不但沒有停頓，總資產反而增長了200％，為了表示感謝，我送你一輛勞斯萊斯！」

聰明的猶太人之所以能夠成為最優秀的商人，就是因為他們懂得資訊的重要性。在資訊時代的今天，喪失了暢通的資訊管道，也就意味著喪失了企業競爭與發展的先機，而在大家都盡可能的收集資訊的同時，更重要的是如何將資訊轉換為有組織的知識體系。

資訊體系的完善，能夠迅速的提供給管理者企業營運資訊、外部行業資訊、國家新的經濟政策等多種資訊，幫助管理者即時做出回應，迅速調整戰略規劃，進而做出有效決策。對管理者來說，有組織的知識體系可以提高管理者的工作效率，讓管理者能夠透過清晰的分析迅速抓住發展契機，對整個企業來說，它還可以加強工作的計畫性、緩解時間壓力、方便營運狀況的查詢、提高決策的品質，最終為企業在市場競爭中拔得頭籌。

第五代管理

這一概念是由美國學者查理斯·M·薩維奇提出的。隨著知識經濟時代的到來以及電腦網際網路技術的廣泛應用，傳統的管理模式已經顯得陳舊和落伍，對於如何管理好知識以及掌握知識的人，傳統管理思想已經顯得無能為力，在這種情況下第五代管理思想順應而生。第五代管理是知識經濟時代的管理，由於知識經濟還是一個尚未成型的經濟形態，第五代管理也是一個有待深入研究、不斷完善的理論體系。

做一天和尚敲一天鐘
——組織架構建設

組織架構的存在使一般人能做出非凡的事情。

　　從前，在一座有名的佛教寺院，寺院主持安排一個小和尚敲鐘。按照寺院的規定，這個小和尚要在每天的早上和黃昏的時候各敲一次鐘。剛開始，小和尚非常的積極，每天都早早的過去，用盡全身力氣敲鐘，聲聞百里，讓主持非常滿意。

　　可是不到半年，小和尚就開始厭煩了，他覺得敲鐘這個事太簡單、太無聊了，根本就不用動什麼腦子，自己根本是大材小用，於是，小和尚開始對自己的工作懈怠了，開始了「做一天和尚，敲一天鐘」的生活。

　　寺院主持看到這種情況，便把小和尚調到了寺院的後院，讓他為廚房劈柴、挑水。小和尚做慣了敲鐘這麼輕鬆的事，一下子讓他去寺院後院幹那麼粗重的活，小和尚發愁了，於是他問寺院主持說：「為什麼不讓我敲鐘了呢？難道我敲的鐘不準時，不響亮？」

　　寺院主持說：「你敲鐘敲得很響，但是鐘聲空泛、疲軟，那是因為你沒有真正理解敲鐘的意義。鐘聲不僅僅是寺裡作息的時間標準，更為重要的是要喚醒沉迷的眾生。因此，鐘聲不僅要宏亮，還要圓潤、渾厚、深沉、悠遠。一個人心中無鐘，即是

無佛：你如此的不虔誠，怎能擔當敲鐘之職呢？」

小和尚聽後，面有愧色。從此以後潛心修練，終於成為一代名僧。

小和尚不明白，為什麼他明明做了主持交代的事，但卻被指責為不負責呢？這恐怕主持也有責任，因為主持並沒有在一開始就清楚的告訴小和尚，敲鐘究竟要敲成什麼樣，才稱得上是合格的。

在很多企業內部也是這樣，企業管理者覺得下屬辦事不力、沒達到要求，可是下屬更是委屈，覺得自己做了該做的事，不合要求只是因為上級指示不明。之所以出現這樣的情況，就是因為企業內部並沒有建立起完善的組織架構。

組織架構是指一個企業內各組成要素以及它們之間的相互關係，主要涉及到企業的部門構成、職位和職能設置、權責關係、業務制度與流程和企業內部協調與控制機制。缺乏完善的組織架構，沒有規範的流程制度，很多部門的工作都是由領導者直接指定，結果導致了部門職責的混亂。如果建立了完善的組織體系，就能夠讓每個員工的經驗和知識都融入這一體系中，進而形成規範完善的運轉過程，也就防止了因為個人的失誤對企業產生影響。

佛雷德・盧桑斯
美國尼勃拉斯加大學的教授，是權變學派的主要代表人物。他在1973年發表了《權變管理理論：走出叢林的道路》的文章，1976年他又出版了《管理導論：一種權變學說》，文中系統地介紹了權變管理理論，提出了用權變理論可以統一各種管理理論的觀點。權變管理理論的最大特點是：強調根據不同的具體條件，採取相對的組織結構、領導方式、管理機制；把一個組織看做是社會系統中的分系統，要求組織各方面的活動都要適應外部環境的要求。

動物園的袋鼠
——管理的重點

以極高的效率完成根本不需要做的工作，是最大的白費工夫。

在一座城市的動物園裡養了許許多多的動物，每種動物都生活在屬於自己的籠子裡，有的籠子很高，那是長頸鹿的籠子，有的籠子是最矮的，那是犀牛們的籠子，而袋鼠則生活在一個不高也不低的籠子裡。

但是有一天，動物園的管理員卻發現動物園裡的袋鼠跑出來了，雖然沒有傷到遊玩觀賞的人，但是卻對動物園的管理問題提供了一個警訊。於是動物園的管理者立刻開會討論這個問題，為什麼袋鼠會從籠子裡跑出來呢？會議討論的結果是圈養袋鼠的籠子太矮了，便決定將袋鼠籠子從原來的十公尺加高到二十公尺。

但是在袋鼠籠子加高後的第二天，動物園的管理員又發現袋鼠跑到籠子外面去了。動物園的管理員認為籠子還是不夠高，於是又將籠子從二十公尺加高到三十公尺，沒想到過了幾天動物園的管理員又看到袋鼠跑到籠子外面了。動物園的管理者十分緊張，袋鼠怎麼

會跳這麼高呢？籠子還是不夠高嗎？於是動物園決定將袋鼠籠子加高到一百公尺。他們認為這下總可以了吧，袋鼠不會再跑出來了。

這時，住在袋鼠旁邊的長頸鹿問這些袋鼠：「你們猜，這些愚蠢的人們會不會再把你們的籠子加高到兩百公尺？」

其中一隻袋鼠說：「這就很難說了，如果他們還是忘記關籠門的話，我想他們會繼續加高籠子的。」

袋鼠從籠子裡跑出來，解決這個問題的關鍵不是籠子的高度，而是籠子門有沒有關好，也就是說動物園裡的管理員一直沒有抓住問題的重點，所以才導致問題無法解決。

而企業的管理也一定要抓住重點，達到有效的管理。一旦抓住了重點，那整件事就會變得簡單起來，很容易整理出條理，易於控制和評價。因此管理者需要透過系統的思考和經驗的判斷，準確抓住問題的關鍵點。

這個重點不一定是優勢，有時候，管理活動的成效取決於最薄弱的環節，而不是最具優勢的部分，這個薄弱的環節很可能便是需要慎重考慮的關鍵點。

亞當·斯密（1723年～1790年）
經濟學的主要創立者，古典經濟學理論體系的創立者，其經濟理論為管理學的誕生鋪墊出了理論前提。其理論與管理學相關的主要有兩方面的內容，一是經濟人假設的提出，一是勞動分工理論。

牧童驅逐害群之馬
——消除管理的隱患

許多企業在對安全事故的認知和態度上普遍存在一個「誤解」：只重視對事故本身進行總結，卻往往忽視了對事故徵兆和事故苗頭進行盤查。

大隗是古時候一個非常有治國才能的人。黃帝知道有這樣一個人之後，就想請教他關於如何治理國家的問題，於是黃帝讓方明趕車，昌宇做陪乘，張若、諂朋在馬前導引，昆閽、滑稽在車後跟隨，去大隗所在的具茨山拜訪。

這七位聖人走到襄城的曠野外，迷失了方向，曠野中沒有一個人可以問路。正巧這時，從遠處走來一位牧馬的少年，黃帝就向這位少年問路，問他知不知道具茨山在哪裡？牧馬的少年說：「知道。」

黃帝又問牧馬的少年，知不知道大隗居住的地方？牧童又回答說：「知道。」

黃帝說：「真是奇怪啊，這位少年！不只是知道具茨山，而且知道大隗居住的地方。那你知道怎樣治理天下嗎？」

牧童回答說：「治理天下跟我牧馬是同一個道理。當我很小的時候，我一個人在宇宙範圍內遊玩，但是不巧的是患了頭暈目眩的病，有一位長者教導我說：『你還是乘坐太陽車去襄城的曠野裡遊玩。』於是我就來這裡遊玩，現在我的病已經好多了，不久之後我還要到宇宙之外去遊玩。至於治理天下也就是這樣，又何必多事呢！」

　　黃帝再次說道：「治理天下，確實不是你的事，但我還是想請教一下，到底該如何治理天下呢？」

　　牧馬的少年說：「治理天下其實和牧馬也沒什麼不同啊，你看一群馬中如果有一匹不安分，那牠會擾得這群馬都動亂不安，只要把這匹害群之馬趕出去，那整個馬群就可以安定了。」

　　聽到這裡，黃帝趕緊下馬，和六位賢人一起深深下拜，並稱這位牧童為「天師」。

　　牧童所說的「害群之馬」也可指企業管理中的隱患。管理制度的不規範、管理所發揮的效能不到位，管理者的管理意識不足等種種情況，都會造成管理的隱患。

　　要保證企業的健康穩定發展，就必須早早消除管理中的各種隱患。首先，要完善企業的各種規章制度，建立一套規範的管理系統，並不斷針對具體情況制訂各種補充措施；其次，制訂好的規章制度不能僅成為紙上的空談，對於制訂好的規章制度要嚴格落實，透過各種獎懲措施來保證制度的實行，遏制管理隱患產生的可能。

海恩法則

德國飛機渦輪機的發明者德國人帕布斯・海恩提出一個在航空界關於飛行安全的法則，海恩法則指出：每一起嚴重事故的背後，必然有29次輕微事故和300起未遂先兆以及1000起事故隱患。法則強調兩點：一是事故的發生是量的累積的結果；二是再好的技術、再完美的規章，在實際操作層面，也無法取代人自身的素質和責任心。「海恩法則」多被用於企業的生產管理，特別是安全管理中。

天堂與地獄——協調合作

領導者的智慧所在，即能妥善分配員工的工作，並協調他們之間的合作。

有一個信徒去詢問上帝，到底天堂和地獄是什麼樣的，於是上帝對他說：「你跟我來吧，我讓你看看什麼是天堂和地獄。」

上帝帶著他走進了一個房間，房間裡有一個很大的鍋，鍋裡是滿滿的肉湯，散發著誘人的香味，肉湯旁邊圍著一群人，每個人都拿著湯勺，可是奇怪的是，每個人看起來都面黃肌瘦、愁眉苦臉的，似乎很久沒吃東西了。這個信徒感到很奇怪，忽然他發現，原來每個人手中的湯勺的柄都很長，比他們的手臂還要長，在狹小的房間裡，他們無法把湯勺中的肉送到自己的口裡。上帝說：「這就是地獄，現在我帶你去看看天堂吧！」

接著他們走入了另一個房間，房間和上一個沒有什麼不同，依然是大大的鍋中煮著滿滿的肉湯，圍在鍋邊的人也一樣拿著有著長長手柄的湯勺，但每個人都臉色紅潤，看起來都非常開心。上帝說：「這裡就是天堂。」

這個信徒很奇怪，問道：「為什麼地獄的人喝不到肉湯，而天堂裡的人卻可以喝到呢？」

上帝微笑著說：「因為在這裡，他們懂得餵別人。」

懂得合作便可以創造天堂。一個企業的員工之間也需要團結合作。如果員工之間不協調，工作就施展不好。所以，妥善分配員工的工作，並協調他們之間的合作，是非常重要的。

員工關係管理是企業人力資源部門的重要職能之一。良好的員工關係能夠讓員工得到肯定，更有集體意識，也更易在心理上獲得滿足感，這樣有助於員工更積極的投入到工作中，也就在一定程度上保障了企業戰略和目標的有效執行。因此，培養員工之間的合作意識和合作精神，是企業管理者必須予以重視的。

湯姆‧彼得斯

是全球最著名的管理學大師之一，在美國乃至整個西方世界被稱為「商界教皇」。湯姆‧彼得斯曾獲得美國康奈爾大學土木工程學士及碩士學位，斯坦福大學工商管理碩士和博士學位。頂級商業佈道師，《財富》雜誌把湯姆‧彼得斯評為「管理領袖中的領袖」；經濟學家稱他為「超級領袖」。主要代表作《追求卓越》被稱為「美國工商管理聖經」。

下金蛋的母雞
——從長遠利益出發

管理者的決策是否正確，直接關係到一個專案的成敗，甚至是整個企業的成敗。

有一對農民夫婦，依靠種自家的一塊地維持生活，每年的收入也只能勉強維生，日子過得非常艱難。這對農民夫婦唯一的額外收入來自於他們的母雞每天下的一個雞蛋，勉強可以給他們貧窮的生活一點有限的補貼。

也許是幸運女神的眷顧，有一天，妻子像往常一樣去收雞蛋，卻看見雞窩裡有一個金蛋，妻子以為自己眼花了，急忙叫來丈夫，丈夫一看，確實是個金蛋。這下他們發財了，夫妻倆趕忙把這個金蛋拿到市場上賣了，得到的錢是他們一輩子也不曾見過的。夫妻倆高興極了，想不到這麼多錢這麼容易就得到了，以後他們就可以不愁吃喝了。

他們回到家以後，看著那隻生了金蛋的母雞，越看越喜歡。他們想，只要這隻雞以後每天能給他們下一個金蛋，那他們就可以衣食無憂、什麼也不用愁了。那天之後，那隻母雞一天下一個金蛋，靠著這每天一個金蛋，夫婦倆逐漸富裕了起來，他們買下肥沃的田地，蓋起寬敞漂亮的大房子，請了許多僕人，日子也開始過得奢靡。

然而，幸運之神的眷顧沒有讓這對貧窮夫婦學會珍惜，他們過著奢侈的生活，每天花天酒地，奢靡的生活使他們滋長了無盡的貪慾。在一次豪華舞會之後，妻子

對丈夫說：「我們家的母雞每天都能下一個金蛋，那牠的肚子裡一定有好多金蛋，就像金庫一樣。」

這時丈夫也興奮地說：「那我們乾脆把母雞殺了，把他肚子裡的金蛋全部取出來，這樣我們就有一個自己的金庫了，金子就可以取之不盡、用之不竭了。哈哈！」

說完，丈夫就拿起刀把那隻下金蛋的母雞殺了，但是母雞的肚子裡並沒有他們想像中的金庫，而是和一般的母雞一樣，一肚子飼料，別說金庫了，就連一個金蛋也沒有。現在後悔也來不及了，母雞已經死了，以後就不會再有金蛋了。

假如這對夫婦能夠懂得，金蛋只是眼前的小小利益，而下蛋的雞才是代表著巨大財富的長遠利益，那就不會出現這麼巨大的損失了。

　　正所謂「不謀一世者不足以謀一時，不謀全局者不足以謀一域」，身為一個管理者，應該分清眼前利益和長遠利益的關係，不懂得從長遠利益著眼，從全局出發，只侷限於小小的眼前利益的人，絕不是合格的管理者。

　　要從長遠利益出發，有時就必須犧牲掉組織的局部利益和短期利益，在這樣的情況下，需要管理者具備一定的戰略眼光，能夠從大處著手，開闊思維，進行長遠的戰略部署，經過一段時間的運作來獲得利益。

羅伯特・歐文（1771年～1858年）
英國的空想社會主義者，也是「現代人事管理之父」。他對管理理論的貢獻是首次提出了關心人的哲學，並在工廠進行了全面實驗，他摒棄了過去那種把工人當作工具的做法，著力改善工人勞動條件；縮短工人的勞動時間；為工人提供廠內膳食；設立按成本向工人出售生活必需品的模式，進而改善當地整個社會狀況。

猿猴與蜈蚣———成熟的決策

決策既不是賭博，很多情況下也不是一蹴可幾的。

在一片熱帶雨林中，高大的樹木被藤本植物密密層層纏繞著，河邊生長著許多棕櫚樹和竹類植物。各種動物在樹枝上、草叢間玩耍，上竄下跳，十分活躍，一切都顯得生機盎然，牠們的生活是如此的幸福。

但天有不測風雲，雨季到了，森林裡一連下了幾天暴雨，洪水已經淹沒了森林的大部分，動物們都拼命向最高處奔去。大家聚集到最高處之後，洪水還在暴漲，情況非常危急，怎麼才能脫險呢？這時大家一致推選最聰明的猿猴主持召開會議，議論怎樣才能脫離困境。

主持會議的猿猴說：「我們找出一位游泳健將，讓牠游到別的地方去求救。」大家一致同意這個方法。於是決定投票選舉游泳高手。

投票活動在緊張激烈的環境下進行著，結果選出了青蛙、水蛇等四大游泳高手。就在這四位游泳高手準備出發到別處求救的時候，猿猴說：「不行，只是游泳快也不行，到陸地上還得跑得快，這樣才能迅速地報信求救。」大家覺得猿猴的話很有道理，就一致決定選舉既是游泳高手又是跑步冠軍的人。選誰呢？時間已經越來越少了，這時，「聰明」的猿猴看到了蜈蚣，蜈蚣不僅會游泳，而且又長那麼多隻腳，牠一定會跑得很快的。於是猿猴做出決定讓蜈蚣去別的地方求救，大家也都欣然同意。

但是過了好久大家發現蜈蚣還沒有出發，這是怎麼回事呢？原來蜈蚣的腳太多

了，牠所有的鞋還沒有穿好呢！這時大家才明白猿猴的決定是多麼的愚蠢。

故事中的猿猴自作聰明的認為蜈蚣既是游泳健將，又是長跑冠軍，因此是最佳人選，但事實證明，這只是在不清楚情況下的不成熟決策。那麼，面對複雜的情況怎麼才能做出成熟的決策呢？

必須明確的一點是，決策是一個過程，有時候還是一個漫長的過程，它不能夠一蹴可幾，並不是可以倉促決定的。因為手中掌握的資訊不夠完整，對於未來的預測缺乏十足的把握，也就決定了決策不能一次性拍板。決策是一個不斷發展的過程，它是逐級確定的。一個優秀的管理者，儘管能夠準確把握基本的發展方向和發展原則，但某些存在模糊和不確定性的細節也是無法一次性確定的，但隨著事件的發展，信息量的增加，這些無法掌握的因素也會隨之減少，這時候就可以進行進一步的決策。

愛德華．勞勒
美國心理學家、行為科學家，美國著名人力資源管理大師。曾被《人力資源主管》雜誌評為「人力資源領域最具影響力的人物」。美國《商業週刊》認為他是最優秀的六個管理大師之一。勞勒提出的期望理論模型認為，激勵的第一個因素是個人覺得自己的努力可能導致績效的機率有多大；第二個因素是他覺得他的績效產生正面或負面結果的機率；第三個因素是他對結果所賦予的價值。

跨越時空的鈕釦
——不可衝動冒進

企業家的冒進，可能並非全部出於貪念，但風險控制，尤其是財務上的風險控制，應該是一個企業家的基本功。

有一天，一個年輕的農夫要去和他的情人約會。年輕的小伙子非常的性急，他比約定的時間早到許多，他沒有耐心安靜的等待心上人，也顧不得留意頭頂明媚的陽光、身旁迷人的春色和鮮豔的花朵，只顧躺在一棵大樹下長吁短嘆。

就在這時，年輕的農夫面前出現了一個侏儒，侏儒對他說：「我知道你唉聲嘆氣的原因。我給你一顆鈕釦，在你不想為等待而唉聲嘆氣時，你只要將鈕釦向右一轉，你就能跳過等待的時間，想跳過多久就可以跳過多久。」

年輕的農夫高興極了，接過鈕釦就迫不及待地向右轉了一下。果然，他心愛的人立刻站在他的面前了，正對著他微笑呢！真是太神奇了。年輕的農夫看著這迷人的微笑想，如果現在能和心愛的人舉行婚禮，那就更好了。於是他又轉了一下鈕釦，他的眼前立刻出現了一場隆重的婚禮，有豐盛的酒席，美妙的音樂，年輕的農夫和自己心愛的人正在接受人們的祝福，多麼幸福的時刻啊！他抬起頭，盯著妻子的眸子，又想，現在要是只有我們倆該有多好！他悄悄轉了一下鈕釦：立時夜闌人靜……

年輕農夫的願望越來越多：我們應該有一棟自己的房子，鈕釦一轉，一棟寬敞明亮的大房子出現在他的面前，房前的花開得正豔，屋後的蔬菜長得正盛。這時年

輕的農夫想，我如果有幾個孩子就更好了，鈕釦一轉，他已經兒女成群了，孩子們在自家的花園裡嬉戲玩鬧。年輕的農夫站在窗前，眺望葡萄園，真遺憾，它尚未結實纍纍。偷轉鈕釦，飛越時間……生命就這樣從他身邊急駛而過。還沒有來得及許下他的下一個願望，他已老態龍鍾，病倒在床。

在病床上回首往事，年輕的農夫追悔莫及，自己的一生就這樣一晃而過了，生活中許多該經歷的事自己還沒有經歷，這樣過一輩子有什麼意義呢？他多麼想將時間往回轉一點啊！他握著鈕釦，渾身顫抖，試著向左一轉，鈕扣猛然一動，他從夢中醒來，睜開眼，見自己還靜靜的躺在樹下等著可愛的情人。

現在，他正面帶微笑仰望著藍天，聽著悅耳的鳥語，逗著草叢裡的甲蟲，他以等待為樂。

慾望是促使一個人上進的動力，但它同樣也會將一個人加速推入失敗的境地，所以，一個人要學會控制自己的貪念，切不可讓慾望過分滋長。再看許多的企業，在最輝煌的時候轟然倒閉，往往是因為自得意滿，輕率冒進，結果害了自己，甚為可惜。

很多企業，尤其是在創業時期就處於快速增長的企業，因為一帆風順，總覺得眼前商機無限，希望能夠乘勢擴張，企業擴張的情緒被膨脹到了極限的程度，於是想當然的擴大自己的規模，或者輕易的進入另一個行業，最後難免折戟沉沙，甚至導致自身的滅亡。

雖然說企業的多元化戰略是企業持續發展與成長的必然選擇，但對一個處在成長期的企業來說，培育好自身的核心競爭優勢，增強自身的競爭能力才是更應該做的事，先在自己熟悉的行業內聚集能量、紮好根基才是根本，當企業的市場佔有率得以擴大，企業足夠強大的時候，才能夠去考慮「做多」。

萊曼·波特

美國心理學家、行為學家、人力資源管理專家，期望激勵理論提出者。萊曼·波特感興趣的主要研究領域是管理學和組織行為學。1968年與愛德華·勞勒一起在《管理態度和成績》中提出期望激勵理論。其模式的意義是：「激勵」導致一個人的努力及努力的程度。波特和勞勒兩人1967年在《成績對工作滿足的影響》一文中還採用成績對滿足的影響的一種理論模式：一個人在做出了成績以後，得到報酬。

愛迪生的失敗
──決策的重要性

身為一個成熟的職業管理者，我們必須清楚地意識到，權威式管理模式其實是最簡單、最原始、最落後，也是最低能的管理模式。

1884年，由愛迪生公司製造的直流供電系統正如日中天，可以說開創了世界電燈照明時代。這時，總部來了一位叫尼拉·特斯拉的28歲塞爾維亞工程師，成為愛迪生手下的一名員工。這位躊躇滿志的年輕人見到愛迪生時就提出了自己的建議：研究交流供電系統，以此來替代存在諸多缺陷的直流供電系統。

在19世紀中葉，幾乎所有的人都認為在現實生活中不可能使用交流電。而愛迪生更是基於他豐富的閱歷和經驗，認為他製造的直流供電系統已經足夠使用，只需在此基礎上進行改進就可以了。

但特斯拉堅信製造交流供電系統是可行的，直流供電系統不能遠距離傳輸、電能損耗大、運行成本高，而用交流供電系統，就可以克服這些缺點。在愛迪生公司工作期間，特斯拉在幫助愛迪生不斷改進直流發電機的性能的同時，依然沒有放棄對交流電的研究。1883年，特斯拉製造出了小型交流電「非同步電動機」，進一步證實了自己關於交流電的理論。

在愛迪生身邊工作的日子裡，特斯拉好多次都希望有機會給愛迪生闡述一下自己的觀點和見解，但是，愛迪生一直不相信交流電會有出路。在極度的失望中，特斯拉離開了愛迪生的公司。而這個時候，西屋公司的喬治·威斯汀豪斯對交流電的

研究與使用情有獨鍾，他給予了特斯拉大力的支持。1891年，特斯拉利用共振原理製造出了世界上第一台交流電變壓器，也就是人們所稱的「特斯拉線圈」。

1893年，世界博覽會在芝加哥舉辦，擁有交流電照明技術的西屋公司從愛迪生手中搶到了博覽會會場照明工程。在博覽會的現場，九萬多盞用交流電點燃的電燈照亮了整個會場，也昭示著交流電真正大規模的走入了歷史舞台。

不久以後，美國政府決定，用特斯拉發明的經濟實惠且便於製造的交流供電系統在尼亞加拉大瀑布建造世界第一座水力發電站。1895年發電站建成，使用了特斯拉交流發電機組的發電站，居然將電能輸送到了35公里外的布法羅市。從此，交流電代替了直流電成為電力的主流。

2006年，特斯拉以交流電系統這一偉大的發明，被選入世界十大多產發明家。

聰明如愛迪生，還是在某個決策上犯了錯，做了錯誤的選擇。所以，決策從來都不是個人的武斷決策，它需要科學的考慮和判斷，需要對外在環境和未來發展做

全面的把握，它是影響企業生命的關鍵所在。

決策就是人們根據對客觀規律的認知，爲一定的行爲確定目標，制訂並選擇行動方案的過程。做爲一種管理活動，它是有意識、有目的的活動，又是多種方案的選擇過程，其內容必須具有可行性，並需要著眼於未來。決策是管理的核心內容和基礎，一切的管理活動都是圍繞著決策而展開的，它貫穿於管理活動的始終。做爲管理行爲的選擇，它會確定管理的方向和目標，提供行動回饋，並最終影響管理績效。可以說，決策是管理者最重要的職責，也是管理中最關鍵的一環。

維克托‧弗魯姆

著名心理學家和行為科學家。國際著名管理大師。弗魯姆對管理思想發展的貢獻主要在兩個方面：一是深入研究組織中個人的激勵和動機，率先提出了形態比較完備的期望理論模式；二是從分析領導者與下屬分享決策權的角度出發，將決策方式或領導風格劃分為三類五種，設計出了根據主客觀條件特別是環境因素，按照一系列基本法則，經過七個層次來確定應當採用何種決策方式的樹狀結構判斷選擇模式。

電腦鍵盤的佈局
——非理性管理

非理性的人性化管理就是瞭解人的思維方式、行為方式的不同，充分發揮人的情感、意志等主觀動力來提升企業的管理水準。

我們都比較熟悉電腦鍵盤的佈局：

QWERTYUIOP

ASDFGHJKL

ZXCVBNM

我們會發現26個字母是無規則排列著的，既難記憶又難熟悉，這是為什麼呢？

19世紀70年代，肖爾斯公司是當時最大的專門生產打字機的廠商。由於當時的機械工藝還不夠完善，使得字鍵在按鍵之後的彈回速度較慢，一旦打字員按鍵速度太快，就容易發生兩個字鍵卡在一起的現象，這時打字員就不得不停止打字，用手很小心地把它們分開，長期下來，嚴重影響了打字速度，公司因此也經常收到顧客的投訴。

為了解決這個問題，設計師和工程師們傷透了腦筋，但由於材料的缺陷，試驗來試驗去都無法再增加字鍵的彈回速度。後來，有一位聰明的工程師忽然想到了一個問題：打字機卡鍵的原因，雖然是由於字鍵的彈回速度慢，但也可以說是因為打字員的按鍵速度太快了。既然我們無法提高字鍵的彈回速度，那麼我們為什麼不試試降低打字員的按鍵速度呢？

　　這是一個聞所未聞的提議，但卻是個好辦法。為了降低打字員的按鍵速度，設計師們想了很多辦法，最後，他們決定採用一種最簡單的方法，打亂26個字母的排列順序。他們將較常用的字母擺在較笨拙的手指下，比如，字母「O」是英語中第三個使用頻率最高的字母，但卻把它放在右手的無名指下；字母「S」和「A」，也是使用頻率很高的字母，卻被交給最笨拙的左手無名指和小指來按壓。基於同樣的原因，使用頻率較低的「V」、「J」、「U」等字母卻由最靈活的食指來負責。

　　結果，這種「QWERTY」式組合的鍵盤誕生了。當時的人們為了不再有字鍵卡在一起的麻煩，開始學著接受這種編排無規則的、不科學的鍵盤佈局，從此以後，這種鍵盤佈局逐漸定型下來，得到了廣泛使用。

　　到了今天，由於材料工藝的發展，字鍵彈回速度已經遠遠大於打字員按鍵速度，也有人嘗試著推廣更為合理的字母順序設計方案，但都以失敗告終，因為大家已經適應了這樣的排列方式，再也不願改變了。

　　「QWERTY」式組合的鍵盤的想法屬於非理性思維，由此我們可以看出，非理性思維和理性思維都對科學創新有著重要的意義。在管理中亦是如此，管理中也需要某些非理性成分。

　　非理性管理，並不是說它與人類的理性思維是相反的，而是說這些管理方法階段並不建立在那些為人們所熟知的邏輯法則基礎之上。正如我們經常說的，管理是

科學與藝術的結合，而管理的藝術則更多的是一些經驗性的內容。要知道，對管理者和被管理者來說，他們都不是完全合乎理性邏輯支配的存在，而或多或少存在著非理性的成分，在這種情況下，以一種純粹理性的態度採取行動，反而會使管理偏離正常的預測。因此，在企業管理中，應該將制度安排的理性因素與人類情感的非理性因素融合統一爲一個有機的整體，注重培養企業文化和組織理念，讓理性和非理性因素相互融合來指導企業行爲。

瑪麗・派克・芙麗特（1868年～1933年）
德魯克稱她為「管理學的先知」，在政治學、經濟學、法學和哲學方面都有著極高的素養。這種不同學科的綜合優勢，使她可以把社會科學諸多領域內的知識融會貫通，進而在管理學界提出獨具特色的新型理論。她確立了四大組織原則：協調乃是某一具體情況下所有因素的交互聯繫；透過有關責任者的直接接觸來協調；在早期進行協調；協調是一長期過程。

萊曼靠什麼解救了PK球 ——細節決定成敗

任何一個偉大的事業都可以分割成若干細節，一個職業經理人說得好，做事業就是做細節。

如果看過2006年德國世界盃的人，一定會記得那場驚險的足球半準決賽。當勢均力敵的兩支球隊以零比零的比數結束比賽的時候，比賽就不得不用驚險的PK球來決定勝負了。

當讓人屏息的PK球大戰開始之前，德國的教練科普克塞給了守門員萊曼一張小紙條，而萊曼也很仔細的看了這張神秘的紙條。隨後，他便在PK球大戰中神奇的解救了兩個PK球，幫助德國隊以5：3的成績戰勝了阿根廷，獲得了勝利。

當人們開始探究萊曼為什麼會有如此精彩的發揮的時候，立刻想到了那張神秘的小紙條。那是一張什麼樣的紙條呢？後來，德國隊終於公佈了真相。

這只是一張來自格魯內瓦爾德皇宮酒店的便箋，9公分寬，10公分長，上面是科普克臨時用鉛筆寫下的提示：

克魯斯，原地不動，球門右下。

阿亞拉，低平球，左下角。

馬克西，右側死角。

坎比亞索，等待，原地不動，左下角。

紙上是按照阿根廷隊已經確定的罰PK球順序所寫下的每個球員的發球方向。毫無疑問，科普克完全料中了，因為事先準確判斷了來球的方向，萊曼得以先發制人，先於對方球員起腳擊球的瞬間啓動，進而很輕鬆的瓦解了阿亞拉和坎比亞索的PK球，幫助球隊挺進四強。

要知道，這張紙條並不是一時起意的猜測，而是在長期的備戰過程中，科普克和萊曼收集了有關對手的一切詳細資料，認真分析對方球員的習慣，最後才總結出了上面的這張「絕世秘笈」。

「千里之堤，潰於蟻穴」，很多時候都是細節決定成敗。當今世界，經濟聯繫越來越密切、經濟環境越來越複雜，事件的系統性和關聯性遠遠大於以往任何一個年代，也因此，每一個細節也就更可能引來大的變故。

其實，細節並不只是細節，所謂的細節只是表象，那些細節背後所展示出來的，是一個機制的問題，它才是細節的本質，也是細節決定成敗的根本原因所在。

細節存在於過程當中，過程中的情勢不同，則細節的重要性不同。所以，一個企業應該關注細節，要充分考慮到各種細節，既要利用有利細節對形勢轉變的促進作用，又要防止不利細節對形勢的逆轉影響，即時做出調整。

亨利‧勞倫斯‧甘特（1861年～1919年）
美國機械工程師和管理學家，人際關係理論與科學管理運動的先驅者之一，甘特圖即生產計畫進度圖的發明者。他在20世紀初發展出甘特圖，並以此聞名於世。甘特圖用於包括胡佛水壩和州際高速公路系統等大型計畫中，並且一直到現在依然是專案管理的重要工具。除了甘特圖，他還設計了薪資的系統，發展出測量工人的工作效率和生產力的方法。

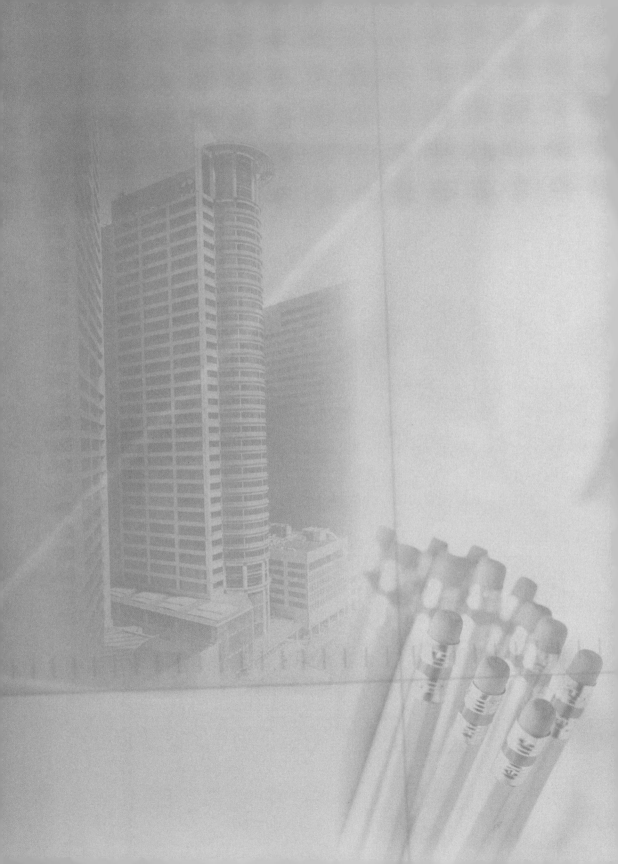

第五章

現代管理方法

禹多賞罰反世亂
——榜樣的力量

優秀的管理者不僅僅在管理方面有著自己獨特的方式，更應該具備「領頭雁」的精神與行為。

　　伯成子高，姓伯成，名子高，是個非常有學問、有修為的人。在堯執政天下的時候，伯成子高因功勳卓著而被立為諸侯，成為堯的左右手。堯治理天下的時候，以身作則，聯合本族眾人，組合各族姓首領為朝廷百官，透過朝廷百官去協調和睦在天下各處的「萬邦黎民」，同時，還以禮教和文明去教育百姓，讓百姓懂得禮儀。後來堯年老了，便把天子之位傳給了舜，舜以父義、母慈、兄友、弟恭、子孝五種義行為本，向百姓宣傳德教，百姓都遵從他的教化，從未發生亂倫行為；他處理政事也井井有條；迎接四方來賓時，來朝的賓客均對他肅然起敬。而伯成子高也同樣忠心耿耿的為舜帝工作，幫助他治理天下。

　　舜年老後，將帝位傳給了禹。禹即位之後，改變了堯舜治國的方法，他讓專司刑罰的皋陶制訂了一些規定，如果各氏族部落有不遵守規則的，便要以刑罰來懲戒。禹還組織了軍隊，對多次叛亂不服教化的苗族進行了征伐，打死了三苗酋長，使自己的勢力範圍達到了江淮流域。之後，他又將九州的土地按照土壤的肥厚分成了三等九級，根據這些土地等級的不同安排農業生產，並設訂了「貢」，要求耕種土地的人民繳納一定的土地稅。

　　看到了禹的行為，伯成子高立刻辭去了諸侯之位，告老還鄉，情願回到老家種

田為生。禹知道伯成子高是大賢之人，得知他辭官的消息，立刻趕到他家裡看望他，希望能夠說服他重新為自己辦事。

趕到伯成子高家中的時候，他正在田裡耕種。禹走到田邊，問伯成子高說：「堯舜二帝治理天下的時候，您都願意留在他們身邊輔佐，為什麼等到我即位了，您卻不願留下，而情願回家鄉種田呢？」

伯成子高笑了笑，說：「堯舜二帝治理天下的時候，並不用獎賞什麼人，但人們卻都一心向善，並不用刑罰懲治任何人，但人們卻都自我約束，從不敢做任何有違道德之事。現在您當政的時候，喜歡用賞賜和懲罰去約束百姓，結果弄得人人都為了私利而行，道德淪喪，犯法之事也多了起來，我看後世恐怕就會從現在開始亂起來了。您想怎麼做是您的事，請不要再來找我了吧！」

說完，伯成子高不再出聲，臉色安詳，一心只專注他的田地，不再回頭看禹。禹知兩人觀念不同，無可奈何，只好轉身走了。

堯舜之時不設刑罰，但百姓們都遵守禮儀，從無犯法之事，到了大禹執政時期，他雖然訂立刑罰，但百姓依然有犯法之事發生，這是因為堯舜首先懂得約束自己，以身作則，而禹卻忘了自我約束的緣故。

企業的領導者與古代統治者一樣，同樣需要以身作則，成為員工的榜樣。這是因為公司管理者所做和所說的一切以及各種場合表現出來的形象，都在給員工傳達某種資訊。管理者的言行將會給企業員工這樣一個印象，這就是整個企業的文化所在，於是，員工們會認為這是公司推崇的行為模式，開始效仿和學習。如果管理者自身的言行不當，那麼不僅會讓員工對企業的生存發展失望，也會對他們的行為產生潛移默化的影響。

　　當一個管理者能夠更加嚴格的要求自身，努力工作，樂觀自信，那麼他就給員工傳達了這樣一個資訊，這個企業是充滿希望的，懷抱著這樣的希望的人，在工作中將會有著強大、持久的推動力，能夠全心全意為企業付出，並幫助企業創造更大的利益。

菲力浦・科特勒（1931年～）

現代行銷集大成者，被譽為「現代行銷之父」。科特勒博士一直致力於行銷戰略與規劃、行銷組織、國際市場行銷及社會行銷的研究，他的最新研究領域包括：高科技市場行銷，城市、地區及國家的競爭優勢研究等。他創造的一些概念，如「反向行銷」和「社會行銷」等，被人們廣泛應用和實踐。

齊威王明察行賞罰
——獎罰分明

獎罰，是領導工作中調動下屬積極性、調控下屬行為，使之與領導意圖相吻合的重要手段之一。

春秋時期，齊桓公之子因齊繼承了王位，爲齊威王。即位之初，他沉迷於酒色玩樂，每日只顧飲酒作樂，不理政事，結果弄得官吏不認眞辦事，貪污失職，百姓生活困苦，而諸侯鄰國見此情景，也趁機進犯，時時侵擾，使得齊國危機四伏，瀕臨滅亡的邊緣。面對此情況，忠良的大臣們都十分心急，思考著如何才能讓君主振作起來，承擔起一個君王應盡的義務，但又畏懼齊王聽不進去，一直都沒有人敢直言進諫。

有一天，大臣淳于髡去拜見齊威王，對他說：「大王，爲臣有一個謎語想請您猜一猜：某國有隻大鳥，住在大王的宮廷中已經整整三年了，可是牠既不振翅飛翔，也不發聲鳴叫，大王您猜，這是一隻什麼鳥呢？」齊王雖然沉溺於玩樂，卻是個十分聰明的人，他一聽便知道淳于髡是在諷刺自己，說自己就像那隻大鳥一樣，身爲一國之尊，卻從無作爲，只知道享樂。齊威王沉默了下來，開始反省自己的行爲，決定要改過自新，好好的擔負起國君的工作。於是他對淳于髡說：「嗯，這一隻大鳥我也知道，牠不飛則已，一飛就會衝到天上去，牠不鳴則已，一鳴就會驚動眾人，你慢慢等著瞧吧！」

從此以後，齊威王振作起來，不再沉迷於酒色，開始認眞整頓朝政，改革政

治。他不僅納諫除弊、改過自新，而且還能夠不爲流言所惑，細心調查各地官員的爲政情況，獎罰分明。

齊國東部有個城市叫即墨，齊威王在朝堂上常常聽到有人批評即墨的大夫爲官不正，不能治理好即墨；另外還有一個阿城，很多大臣們都誇讚阿城大夫治理有方，是個難得的好官。聽到這些言論，齊威王並沒有就此輕信，而是專門派人去當地視察，瞭解真相。後來，他把即墨大夫召來說：「自從你治理即墨以來，每天都有人說你的壞話。可是我派人去即墨視察，卻發現那兒的荒野都開闢成了良田，老百姓豐衣足食，各種事務都處理得很即時，因此整個東部地區都很安寧。這是你沒有賄賂我左右的人，讓他們在我面前說你的好話啊！」於是齊威王賜給了他一萬戶的封邑。然後他又將阿城大夫召來說：「自從你駐守阿城以來，天天有人在我面前說你的好話。可是我派人去阿地視察，卻見那兒土地荒蕪，百姓貧苦。趙國來進攻你屬下的甄城，你不能去救援；衛國奪取了你鄰近的薛陵，你卻不知道。這是因爲你給了我左右的人大量賄賂，讓他們在我面前說你的好話啊！」說完，便命人將阿城大夫烹死了，那幾個收受了賄賂、爲阿城大夫說好話的人，也都遭受到了懲罰。

從此之後，人們都知道齊威王明察秋毫，不會聽信一家之言，於是大臣們都謹言慎行，踏踏實實爲國家辦事，再也不敢文過飾非了。過不了幾年，弊除政清，齊國國勢漸趨強盛，稱雄於諸侯。

古人說：「賞善而不罰惡則亂，罰惡而不賞善亦亂。」治國之道，賞罰都是必須的手段，兩者的目的都是爲了教育群衆，達到治理國家的目的。做爲現代企業，同樣需要賞罰分明，讓優秀的員工得到獎勵，讓落後的員工感到壓力，這樣才能讓員工信服，使整個團隊保持活力。

賞罰本身不是目標，而是實現目標的手段。企業的最終目的是追求經濟效益的

最大化，而要達到這一點，就必須注重建立公平、公正的賞罰制度。賞罰要分明，該賞的一定要賞，該罰的也不能不罰。賞不能侷限於物質獎勵，還可以運用精神獎勵，特別是應該根據受賞者的需求進行獎勵，才能更好的達到獎勵的目的。罰的目的不是為了懲罰，而是為了讓受罰者認識錯誤並改正錯誤，所以千萬不可以為罰而罰。

獎勵有利於激勵員工在獲得精神和物質滿足的前提下，進一步的積極創新，提升他們的工作積極性和責任心，而懲罰也有利於組織或個人認識在工作中存在的不足，即時發現並改進，以避免類似錯誤現象的出現。

莫里斯・庫克（1872年～1960年）
科學管理的早期研究工作者之一，泰羅的親密合作者。他於1895年畢業於美國的利海大學，獲得機械工程學士學位，之後他在工業部門中工作，並早在結識泰羅以前就應用一種「提問法」對工業中的浪費現象進行分析研究。庫克於1916年開設了自己的諮詢公司，並於第一次世界大戰期間為美國政府服務。他的主要貢獻是在非工業組織中傳播和應用科學管理思想。

兩熊賽蜜
——有效的績效評估

有效的績效評估系統能夠留住優秀的員工，減少流動問題，推動企業建立優秀的人才隊伍。

　　黑熊和棕熊都喜歡食用蜂蜜，為了能夠每天都嚐到蜂蜜，牠們都自己養蜂。牠們各自有一個蜂箱，養著同樣多的蜜蜂。有一天，牠們突發奇想，想比賽看看誰的蜜蜂產的蜜多。

　　黑熊想，蜜的產量應該是取決於蜜蜂每天對花的「訪問量」，蜜蜂所接觸的花的數量就可以代表牠的工作量，於是牠買來了一套昂貴的測量蜜蜂訪問量的績效管理系統，記錄蜜蜂所接觸過的花的數量。每過一個季度，牠就公佈每隻蜜蜂的工作量，並且還會獎勵訪問量最高的蜜蜂。不過牠從來都沒有告訴自己的蜜蜂，牠們是在和棕熊比賽，而只是讓自己的蜜蜂之間比賽訪問量。

　　棕熊採用的方法則不一樣。牠覺得蜜蜂產出蜂蜜的多少，關鍵在於牠們

每天採回來花蜜的多少，花蜜越多，能夠釀造的蜂蜜也越多。於是牠也花錢買了一套績效管理系統，只不過牠的系統是用來測量每隻蜜蜂每天採回花蜜的數量和整個蜂箱每天釀出蜂蜜的數量。牠也把測量結果張榜公佈，並重賞當月採花蜜最多的蜜蜂，但如果這個月蜜蜂的總產量高於上個月的產量，牠還會按照每隻蜜蜂的工作量進行不同程度的獎勵。和黑熊不同的是，牠直接告訴了自己的蜜蜂，牠們現在是在和黑熊比賽誰產的蜜多。

一年過去了，兩隻熊將自己所採的蜜放在一起比對，結果黑熊的蜂蜜不及棕熊的一半。

黑熊的評估體系很精確，但牠評估的績效與最終的績效並不直接相關。黑熊的蜜蜂的目的都是為了提高「訪問量」，於是每一次反而不會採太多的花蜜，因為採的花蜜越多，飛行的速度會越慢，使得每天的訪問量減少，結果蜜蜂採集的花蜜反而會更少。而且雖然黑熊本意是為了讓自己的蜜蜂採集更多的花蜜才讓牠們彼此競爭，但因為獎勵範圍太少，蜜蜂之間的競爭壓力太大，使得這些蜜蜂為了自身利益而相互封鎖資訊，於是一隻蜜蜂即使獲得了很有價值的資訊，比如牠發現了近處有一片巨大的槐樹林之類，牠也不會將這些資訊與其他蜜蜂分享，結果整體的效率也不會得到提高。

而棕熊的蜜蜂則不一樣，因為牠的獎勵不限於一隻蜜蜂，為了獲得更大的獎勵，蜜蜂們便會相互合作。比如嗅覺靈敏、飛得快的蜜蜂可以負責打探哪兒的花最多、最好，然後回來告訴大家，由力氣大的蜜蜂一齊到那兒去採集花蜜，剩下的蜜蜂可以負責貯存採集回來的花蜜，將其釀成蜂蜜。雖然採集花蜜多的能得到最多的獎勵，但其他蜜蜂也能獲得相對的獎勵，因此蜜蜂之間遠沒有到人人自危、相互拆台的地步。

　　對員工的激勵是一種必要的手段，但如何去激勵卻是一個相當複雜的問題。在績效考核時，如何讓這一考核能夠反映員工的真實工作情況，又能夠得到員工的歡迎和贊成，需要相當的手段。

　　在設計績效考核方案的時候，首先必須瞭解企業的需求、產品或服務的週期，根據產品或服務的週期，特定專案的完成情況，來確定績效考核的週期。這個週期有長有短，有可能是一個季度，也有可能是一年。

　　其次，在績效考核期間，應該為員工設計有效而直接的回饋資訊，要即時對員工的優秀表現表示認可，同時，也要把需要改進的地方迅速準確的傳達給員工，這樣才能激起員工的工作責任心，讓他們朝著企業需要的方向發展，進而真正達到績效考核的目的。

蘇曼特拉・戈沙爾（1948年～2004年）
知名戰略領導力教授，國際知名的管理學權威之一。他是設立於英國的高級管理研究院成員，倫敦商學院策略和國際管理學教授，也是哈佛商學院監委會成員、印度商學院第一任院長。他還在許多企業的董事會中任職，並被提名為管理學會、國際商學會和世界經濟論壇成員。戈沙爾被認為是對歐洲管理思想體系最有影響的人物之一。

古木與雁
——善於發現人才

聰明的領導者應該學會發現人才的優點，使得人盡其才，盡量避免人才浪費。

莊子漫步在山林之中，看見一棵大樹，高聳入雲，枝葉茂盛，但伐木工只在它旁邊休息，卻不去砍伐它。莊子覺得奇怪，便去問伐木工不砍伐這棵樹的原因，伐木工回答說：「因為它沒什麼用。」莊子對著這棵因為無用而免遭於砍伐的參天古木感嘆道：「這棵樹因為沒用而得以活夠它的自然壽命。」

後來莊子從山中出來，到自己的老朋友家拜訪。朋友很高興，打算好好的招待客人，便讓家裡的僕人將家養的雁殺來做菜，僕人問道：「家裡有兩隻雁，一隻會叫，一隻不會叫，殺哪一隻好呢？」主人說：「就殺那隻不會叫的吧！」

後來莊子的學生知道了，便向莊子問道：「老師，山裡的巨木因為無用而保存了下來，家裡養的雁卻因不會叫而喪失性命，那麼我們到底該採取什麼樣的態度來對待這繁雜無序的人世呢？」莊子回答說：「還是選擇有用和無用之間吧！雖然其

中的分寸太難掌握，而且也不符合人生的規律，但已經可以避免許多爭端而足以應付人世了。」

無用的樹得以存活，而不會叫的雁被殺，有用和無用在這裡失去了一定的標準。其實，世間也本沒有一成不變的法則，在人才的選擇上也是這樣，人才的判斷從來就沒有標準可言。

一個對其他企業相當有用的人也許對你並沒有什麼用處，而一個看似不適合的人放在恰當的位置上，則可能創造出巨大的價值。在這裡，重要的是選擇，如何選擇一個合適的人，給他一個合適的位子，那麼他就是最好的人才。

對於人才，管理者需要有一雙善於觀察的眼睛，要懂得看人的本質，察言觀色，從他的不自覺行為中去判斷他是一個什麼樣的人，而不能僅憑一己之言而判定。要成為這樣一位善於挑選人才的人，還要求管理者自己必須具有相當的素質，能夠沉下心來，讓時間來幫助鑑別真偽，客觀的識別人才。

卡爾‧巴思（1860年～1939年）
被認為是泰勒的「嫡系追隨者」。1899年，泰勒邀請他來解決金屬切削實驗中所遇到的複雜數學問題。他發明了巴思計算尺，利用巴思的計算尺和公式就可以很快地決定進刀和切削的速度。他幫助泰勒進行工時研究和疲勞研究，並在工廠中推行泰勒制。泰勒把他稱作是「能解決那些很難解決問題的人」。

平原君失門客——不以貌取人

透過相貌和表情來瞭解人，是識人的一種輔助手段。但是，把它絕對化，把識人變成以貌取人，就會錯識人才，乃至失去人才。

　　戰國時代，養士是上層社會競相標榜的一種時髦風氣。當時強大的各諸侯國的國君權臣們，競相養士，無不以此為榮。因為養士可以吸引大量的人才來到自己麾下，壯大自己的政治力量，同時又可以提高自身的名望，獲得「禮賢下士」的好名聲，迅速抬高自己的政治聲譽。於是戰國時期的養士之風大盛，權貴們紛紛厚待士人，而那些士人們也遊歷諸國，期望能夠獲得重用，一展自身所長，於是呈現出一派「士無常君，國無定臣」的局面。

　　而戰國時的養士之風最盛的則是「四公子」，即齊國的孟嘗君田文、魏國的信陵君魏無忌、趙國的平原君趙勝、楚國的春申君黃歇，因這四國最為強盛，四人俸祿雄厚，又樂於招攬人才，不甘落於他國下風，於是各自大量招攬人才，麾下都聚集了超過三千人。其中的趙國平原君，也曾收攬了不少的士人俠客。

　　平原君的住所有著很高的樓房，就在臨街，他的侍妾們就住在樓上，常常會從樓上向下觀望，俯瞰周圍的民居。有一天，眾美人們又在樓上眺望，看到有一個瘸腿的人來到井台邊打水，這個人既是瘸腿又駝背，走起路來十分的緩慢，東倒西歪，總是要摔倒的樣子。美人們見他這副樣子，不禁哄笑起來，有的還模仿起他走路的姿勢，藉以取樂。這男子看到樓上美人的行為，大為惱怒。

　　第二天一大早，這個人就來登門拜訪平原君，他對平原君說：「我聽說您喜歡接納賢士，而賢士之所以不遠千里來投奔您，就是因為您能以禮相待，尊重賢士。

我不幸患上了腰彎曲、背隆高、瘸腿的病，可是您的侍妾在樓中看到了，竟然肆意嘲弄我，這是不合禮的。聽聞您重視人才，我來希望您能夠以您侍妾的人頭來彌補我所受的侮辱！」聽完他的話，平原君笑著說：「好啊！」然後打發走了那個人，等那個人走了之後，平原君冷笑了一聲，對左右的人說：「瞧那個小子，那個樣子還想以一笑的緣故讓我殺美人，不也太過分了嗎？」於是不再理會。

過了一年多，住在平原君家裡的賓客大多都離開了，有一半多的人一個接著一個的走了。平原君很奇怪，便詢問未走的門客：「我對待各位，可以說是誠心誠意的，從來沒有失禮過，為什麼走了那麼多的人呢？」有一個門客上前直率地說：「就因為你不殺那笑瘸腿的人，這說明你喜歡女色而看不起士人，所以大家覺得你不夠尊重我們，於是都走了。」聽到這裡，平原君大為後悔，立刻叫人殺了那些嘲笑過瘸腿士人的美人，拿著人頭親自到瘸腿人的家中謝罪。不久，離開平原君家的賓客，才又一個接著一個的回來了。

儘管我們都知道「人不可貌相」，但在日常生活中，卻很難有人能夠真正客觀公正的去評價他人，而往往會囿於外在條件的影響，而犯了識人的錯誤。

管理者應該首先確定一個觀點，什麼是人才？人才就是對企業有用並能夠為企業創造價值的人，它和外貌無關，甚至也並不展現在那些誇誇其談的言論和文憑上，它需要在實際工作中去驗證。管理者一定要有睿智卓識的眼力，能夠準確識人，看人看本質、看潛力，從職位要求出發，挑選合乎職位要求的人才。

克萊頓·克里斯坦森
1995年度麥肯錫獎得主，美國哈佛商學院著名教授。他的研究和教學領域集中在新產品和技術開發管理以及如何為新技術開拓市場等方面。他教過的課程包括科技與營運管理、工商管理學及營運策略，創新管理這門學科是他的首創。

齊威王視人才為國寶
——以人才為本

企業的發展，不僅要靠「物」的資源，更要靠「人」的資源，人才是發展的第一資源。

　　齊威王即位初期，內外交困，後來他開始反省自身，認真治理國政。他任用鄒忌為相，整頓吏治，啟用人才，排除奸佞，對內安撫百姓，對外加強防衛，抵抗侵略，使得齊國很快的富強了起來。

　　當時齊國與魏國相鄰，魏國國君為魏惠王，他即位之初，魏國國勢最為強大。但即位之後魏惠王從不任用賢良，卻偏信奸臣，導致國內政治動盪，在軍事上，他輕信龐涓，趕走了孫臏，結果導致桂陵、馬陵等戰中，指揮失誤，損兵折將，連連戰敗，國勢逐漸衰微。而被趕走的孫臏卻被齊威王所賞識，重用為國師，戰無不勝，攻無不克。

　　而這兩位國君的識人之法，在之後他們的一次會面中，也可以辨識一二。

　　到了周顯王十四年（西元前355年），齊威王與魏惠王相約一起到郊野狩獵。兩人聚在一起聊天，魏惠王便開口問齊威王說：「齊國有什麼國寶嗎？」齊威王說：「沒有。」魏惠王得意的說：「我的國家雖然很小，但還有十顆直徑超過一寸、可以照亮十二輛車的大珍珠。你們齊國如此之大，怎麼會沒有寶貝呢？」

　　齊威王笑了笑，說：「我對寶貝的看法與您的不一樣啊！在齊國的高級官員中，有位大臣叫檀子，我派他鎮守南部邊城，於是楚國再也不敢侵犯我國南境，城

池從此固若金湯，他的威名遠播，連泗水流域的十二個小國的國君都來齊國朝見，俯首稱臣。我還有位大臣盼子，我派他把守高唐，則國家堅如磐石，趙國不敢來掠奪我國西境，就連趙國的漁人也不到東邊的黃河裡去捕魚。我又有一位大臣，名叫黔夫，我派他去鎮守邊陲徐州，嚇得燕國人就在北門祭祀祈禱，越國人也在西門祭祀祈禱，懇求神靈保佑他們，最後有七千餘家百姓懇求歸順齊國。我還有一位叫種首的大臣，我派他在國內緝捕盜賊，負責維持社會治安，他能使盜賊聞風喪膽，國內路不拾遺，夜不閉戶，人民安居樂業。我這四位大臣的『光輝』能照耀千里，豈止是僅僅照亮十二輛車子之遠呢？」魏惠王聽後，面有愧色。

魏惠王以珍寶為國寶，齊威王以人才為國寶，孰優孰劣，高下立判。對現代企業家來說，同樣應該以人才為寶，要重視和愛惜人才，重人不重財，才能真正贏得人才，贏得人才的真心付出，進而在企業競爭中獲得成功。

現代企業的競爭，絕對不是管理者的獨力奮鬥，只憑一己之力就可以贏得市場的，現代企業需要的是一個通力合作的團體，要在市場競爭中生存和發展，迅速抓住時機，搶佔市場，就必須有大批高素質的人才的加入。人才是企業之本，只有人才能夠不斷的開發和挖掘企業內在潛力，形成靈活的機制，適應不斷變化的外部情況，更好的發揮企業的優勢。如果沒有人才，一個企業必將陷入困境，失去了創新的勇氣和能力，最終被市場淘汰。

吉姆·柯林斯

著名的管理專家及暢銷書作家。吉姆·柯林斯曾獲得斯坦福大學商學院傑出教學獎，先後任職於麥肯錫公司和惠普公司。與傑利·波勒斯合著了《基業長青》一書。書中提出了他的主要管理思想。科林斯認為，公司想要成就偉業，首先必須關注個人，選擇正確的領導者。

齊景公射箭——以身作則

一名卓有成效的管理者，一定要認清自己的惡習，然後堅決改掉它，不能讓這些惡習成為下屬模仿的方向。

　　春秋戰國時期的齊景公，原名姜杵臼，他是齊莊公的異母弟，也是齊國執政最長的一位國君。他在位時有名相晏嬰輔政，凡是晏子勸諫他的，齊景公都能虛心接納，因此其在位58年，國內治安相對穩定。晏嬰是齊國的名相，也是古代傑出的政治家和外交家，他頭腦機敏，能言善辯，內輔國政，盡忠職守，竭心盡力幫助齊景公治理國家。

　　有一次，齊景公有隻愛犬死了，景公便下令替狗訂製棺木，還要舉行隆重的葬禮，晏嬰知道了，趕緊勸他停止。

　　齊景公不肯聽，他說：「只是好玩而已！」晏嬰趕忙勸說道：「您這就錯了。徵收人民的錢財如果不能用在人民身上，反而要用來取悅您周圍的人，這樣的國家還有什麼指望？況且孤苦老弱的人凍死，狗卻有隆重的祭祀；貧苦的人死了沒有人憐憫，狗卻有棺木可以厚葬。要是您這種舉動被老百姓知道了，一定會怨恨您；鄰國知道了，一定會輕視我國，您應該仔細地考慮才是。」齊景公聽了晏子的勸告，才發現茲事體大，打消了葬狗的意圖。

　　西元前500年，晏嬰病逝。當時齊景公正在外地，聞知噩耗，他晝夜兼程趕回都城，火速趕到晏嬰家中，伏在晏嬰的遺體上放聲大哭：「您老人家生前日夜監督寡人，不讓我有機會犯下一絲一毫的錯誤，可惜如今上天還是降臨災禍給齊國了。為什麼這個災難不降臨到寡人的身上，卻偏偏落在您老人家身上呢？以後再也沒有人

能像您那樣經常批評我的過失了，齊國的江山社稷危險了！」左右群臣都陪著失聲痛哭。

自從晏嬰死後，再也沒有臣子當面指責齊景公的過失，讓他覺得若有所失，鬱鬱寡歡。

有一天，齊景公設宴款待文武百官。席散後，他帶領群臣到廣場上射箭取樂，每當齊景公射出一支箭，即使沒有射中靶心，文武百官也都高聲喝彩道：「好呀！妙呀！」「真是箭法如神，舉世無雙。」

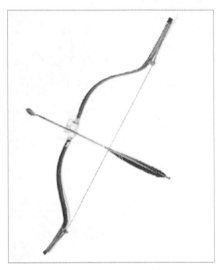

齊景公發覺他們的虛偽，十分的反感。後來，他將自己的感覺告訴了臣子弦章，弦章卻對他說：「這件事情也不能全怪那些臣子，古人有句話叫：『上行而後下效』，國君喜歡吃什麼，群臣也就喜歡吃什麼；國君喜歡穿什麼，群臣也就喜歡穿什麼；同樣的，如果國君喜歡人家奉承他，那麼群臣也就會常常奉承大王了。」

齊景公聽完，覺得他說的非常有道理，於是便派侍從賞給弦章許多珍貴的東西，但弦章卻拒絕了景公的獎賞，他說：「那些拼命奉承大王的人，才是為了要多得一點賞賜，如果我受了這些賞賜，豈不是也成了卑鄙的小人了！」景公為他的正直所折服，也就不再勉強，收回了獎賞。

「上行下效」，國君喜歡怎麼做，下面的人便也跟著怎麼做。在現代社會裡，這樣的人和事更是屢見不鮮。身為一個管理者，下面有無數雙眼睛看著，一言一行都受到關注，所以更要注意自己的言行。

「沒有差勁的員工，只有差勁的管理者。」身為管理者，要管理好人，首先必須管理好自己。自己訂下的制度，自己應該先遵守，以身作則，這樣才能夠讓下屬遵守。當有些管理者抱怨自己的下屬不夠敬業、不遵守規定的時候，首先應該反省一下自己，是否做到了這些。

管理者訂立的規則不僅僅是用來管理別人的，首先是用來管理自己的。管理者應當透過自己的行動給員工做個榜樣，而不是口頭上展示紀律。當員工看到管理者能夠恪守每項準則，特別是在妨礙到自身利益的時候，還能繼續去遵守此規則，那麼員工一定會敬佩管理者，對企業產生強大的信心和依附感，進而盡心盡力的去完成自己的工作，並按照紀律要求去執行。

威廉‧紐曼

著名的戰略管理研究大師，美國管理學會前主席，美國哥倫比亞大學商業研究所管理學教授，美國管理過程學派的代表人物之一。他從50年代就開始從事企業戰略管理方面的研究和著述，1998年與彼德‧杜拉克一起獲得「美國管理學會終身服務獎」。紐曼在企業政策方面做出了突出的貢獻，他指出目標在形成一個組織的特點方面具有重要性。

田嬰被罵
——密切與下屬的關係

有了員工的幫助，領導者就如虎添翼，失去了員工的支持，就如領頭雁失去雁群，孤掌難鳴。

戰國時期，齊威王的小兒子田嬰被封爲靖郭君。他擔任齊國將軍的職務，在馬陵之戰中，他擔任主帥，孫臏爲他的軍師，兩人通力合作，打敗了魏國軍隊，還迫使魏將龐涓自殺謝罪。因爲戰功卓著，田嬰很快便被提拔爲齊國的宰相。

漸漸的，田嬰開始驕傲自滿起來，覺得自己厥功甚偉，不再把其他人放在眼裡。爲了發展自己的勢力，他決定在自己的領地薛地建造城池。

他的門客們都知道這樣做會引起齊國君王的猜疑，惹禍上身，於是很多門客都特地去勸阻他，希望他能收回這道命令，然而田嬰根本聽不進去他人的勸阻，一意孤行，後來乾脆命令傳達人員不要爲這些門客通報引見。

後來，還是有個門客請求謁見田嬰，而且他保證說：「我只說三個字就走，要是多說了一個字，我願意領受烹殺之刑，絕無怨言。」田嬰原本以爲他也是來勸諫之人，可是聽說他只說三個字，覺得十分好奇，想看看他如何勸諫，於是便接見了他。

這個門客進來拜見了田嬰，對他說：「海大魚。」然後轉身就走。

田嬰覺得莫名其妙，連忙攔住這個人，問道：「先生還有要說的話吧！」

門客搖搖頭說：「我答應只說三個字，如今我可不敢拿自己的性命開玩笑。」

田嬰急忙說：「我可以免你不死，請先生為我解釋解釋。」

門客這才回答說：「您沒聽說過生活在海裡的大魚嗎？在海裡時，再大的魚網、釣鉤都對牠毫無辦法，無法抓住牠。然而一旦大魚因為得意忘形而離開了水，就再也沒有可以依靠的了，那麼就連小小的螞蟻也能吃牠身上的肉、隨意擺佈牠。現在齊國也就如同您的『水』。如果您永遠擁有齊國，要薛城有什麼用呢？但您如果失去了齊國，即使將薛城的城牆築得跟天一樣高，那又有什麼用呢？」

田嬰這才明白，這位門客還是為了勸諫修築城牆之事，但細想之下，覺得他說的非常有道理，於是稱讚道：「對。」立刻停止了築城的打算。

這位門客的意思很明顯，田嬰真正的依靠是整個齊國，只有齊國穩定，他才能真正高枕無憂，而他在薛地就算高築城牆，但實際上也不能保護自己，反而會讓自己得意忘形，失去齊國的庇護，反而會害了自己。

田嬰很快就明白了，他所能夠依靠的是齊國，而不是高牆。一個聰明的領導者，必須知道自己真正的依靠是什麼，對現代企業的領導者來說，他真正的依靠正

是自己的員工。

　　人是一個生產環節中最重要也最活躍的因素，是真正的財富創造者，也是所有生產行為的執行者，一個企業，就是由許許多多這樣的個體人所組成的，每一個人的存在都會影響整個團體的運作，也就最終影響了企業發展的結局，因此，要讓這個企業內部的員工都誠心的為企業付出，擔負起屬於自己的一份責任，首先需要領導者給予員工足夠的信任和關愛。

　　要讓員工真正把自己融入這個集體中，為這個集體的發展貢獻力量，那領導者就必須給員工一個溫暖的集體環境，讓他感受到領導者的關心和愛護。真心的關愛才能夠換來下屬的忠誠和付出，忠誠團結的員工會是一個企業、一個領導者最強大、最堅固的依靠，進而使之在市場競爭中立於不敗之地。

哈林頓・愛默生（1853年～1931年）
美國早期管理科學理論的研究工作者。他從1903年起就與泰勒有個人來往，並獨立地發展了泰勒科學管理的部分原理。他創造性地提出了提高效率的12條原則，即：明確目的；注意局部與整體的關係；虛心請教；嚴守規章制度；公平；準確、即時、永久性的紀錄；合理調配人、財、物；定額與工作進度；條件標準化；工作方法標準化；手續標準化；獎勵效率。

李世民清整吏治
──瞭解自己的員工

對員工的頻繁否定會讓員工覺得自己對企業沒有用，進而也會否定企業。

　　唐太宗李世民是中國歷史上頗有政績的一位開明皇帝，他的治國和用人之道，都足以為後世的榜樣。

　　李世民即位之初，曾不遺餘力氣整頓吏治，下決心要在官場根治貪污受賄的不良風氣。為了偵查那些暗中受賄和將來有可能受賄的貪官污吏，李世民曾下令讓親信暗中向各部官員行賄，藉以得知他們的品行，結果還真查出了幾個貪官。

　　李世民非常厭惡官吏受賄，而他處分受賄官吏的方法也非常的奇特。將軍長孫順德曾經接受別人贈絹，後來事跡敗露，被人告知了李世民。然而李世民並沒有懲罰他，反而在朝廷上親自賞賜了他幾十匹絹。許多大臣不解，都奇怪李世民為何要表彰長孫順德，助長貪風，李世民告訴大臣說：「如果他尚有廉恥，那麼我賜他絹，他只會覺得恥辱，而且那種恥辱比受刑還要難受。如果他不知羞愧，跟禽獸有什麼區別，殺了也不足惜。」果然，長孫順德萬分羞愧，再也不敢受賄了，而眾臣也深有感觸。

　　在重用和尊敬功臣的同時，李世民還非常重視對他們的管理和規範，從不允許他們居功自傲，凌駕在國家法規之上。尉遲敬德是李世民手下的一員大將，當年歸降了李世民之後，一心為主，曾陪著李世民出生入死，攻城掠地，立下了不少汗馬功勞，因此深得李世民的信任。但他因此也驕縱無比，不把任何人放在眼裡，經常

惹是生非。有一次在酒宴之上，只是因為有人坐在他的席位上，尉遲敬德就大發雷霆，任城王李道宗好意勸諫，他竟然藉酒行兇，毆打了李道宗，差點將他的眼睛打瞎。見到尉遲敬德越來越放肆，李世民十分的不悅，他叫來尉遲敬德說：「我看漢朝歷史的時候，看到漢高祖身邊功臣甚多，但能夠保全性命、善始善終者卻極少，常常都會思考這件事。到我登上帝位，也希望能夠保全你們這些功臣，讓你們可以安享晚年，子孫滿堂。但是你官居高位，卻屢次犯法，現在我才知道，韓愈他們被殺，也不能算是漢高祖的過錯啊！國家大事一定要賞罰分明，你雖於國家有功，但如果再這樣下去，我就不能不懲處你了。你還是好好反省自己的過失，修身養性，

以免日後後悔啊！」這一席話語重心長，讓尉遲敬德好生感動，他連忙磕頭謝罪，並承諾從今以後好好約束自己，從此再無此等事發生。

「貞觀之治」是中國歷史上少有的繁榮盛世，出現在李世民統治之時絕非偶然。他能夠堅持以誠待人，以禮警人，知人善用，才讓他贏得了人心，並擁有一批治世之能臣，創造了「貞觀之治」的盛況。

唐太宗李世民順勢而為、因勢利導，以「設局」的方式觀察人，以情理而不以權勢打動人，最終使他們心服口服，坦承了自己的錯誤，也贏回了自己的兩位人才。

　　觀察是識別和衡量人才是否能擔當重任的非常重要的手段和方法。瞭解自己的員工是一個企業領導者所必然要掌握的內容，除了從客觀的工作資料來進行考慮之外，領導者還應該學會從內到外，徹底的去認識一個人的本性。外在的儀表、聲音、眼神和表情都會透露一個人的內心，細微之處的不自覺行爲更是一個人本性的展現，管理者要訓練自己觀察細節的能力，學會透過自己的主動觀察去瞭解自己的每一個員工，處處留心，便能看到眞相，眞正尋找到自己需要的人才。

雨果・閔斯特伯格（1863年～1916年）

工業心理學的主要創始人，被尊稱為「工業心理學之父」。閔斯特伯格在德國萊比錫大學的心理學實驗室中受到了正統的學術教育和訓練，於1885年獲得心理學博士學位。閔斯特伯格開創了工業心理學領域——對工作中的個人進行科學研究以使其生產率和心理適應最大化。他還指出了科學管理與工業心理學二者都是透過科學的工作分析，以及透過使個人技能和能力更好地適合各種工作的要求，尋求提高生產率。

宋太宗醉酒
——領導者的寬廣心胸

管理者應心胸開闊，能容人、容事，不斤斤計較個人得失。

　　宋太宗趙光義，22歲時參與陳橋兵變，擁立他的哥哥趙匡胤爲帝，並爲了宋朝的統一事業南征北戰，立下戰功無數，後來他繼承哥哥的帝位，號爲太宗。在位期間，他鼓勵墾荒，發展農業生產，擴大科舉取士規模，編纂大型類書，設考課院、審官院，加強對官員的考核與選拔，限制節度使的權力，極力改變武人當政的局面，開創了宋朝文官政治的局面。這些措施順應了歷史潮流，爲宋朝的穩定做出了重要貢獻。

　　宋太宗即位後改年號爲「太平興國」，招賢納士，廣泛尋訪人才，收歸己用，以圖成就一番新的事業。而且宋太宗更爲重視人才，一些宋太祖在世時曾加以處罰或想要處罰的人，宋太宗都予以赦免。

　　有一件事可以說明宋太宗是一個寬容的君主，能籠絡人才。有一天，宋太宗在皇宮設宴，有幾位大臣陪同。由於太宗高興，便極力勸各位喝酒，其中一位大臣孫守正不勝酒力，喝得酩酊大醉，竟然與另外一位重臣在宋太宗面前相互比起功勞來，最後竟然大吵大鬧，全然忘了自己身處何方。陪同的其他大臣看到這兩個人如此的無禮，便奏請宋太宗將他們倆抓起來治罪，宋太宗沒有答應，只是命人送他們回家。

　　第二天，孫守正酒醒過來，想到昨天發生的事情之後，非常恐慌，連忙進宮向

宋太宗請罪。沒想到宋太宗卻輕描淡寫地說道：「昨天我也喝醉了，記不起這件事了。」孫守正這才釋然，安心地做自己該做的事了。

從這件事情，可以看出宋太宗非比尋常的度量。有時候，領導者確實需要「難得糊塗」一下，這樣既保全了下屬的面子，又不失自己的尊嚴，體現出自己的人格魅力和領導藝術。這樣一來，大臣們更會死心塌地、為君王效犬馬之勞。

高高在上，手握生殺大權的皇帝也難免會遇到下屬頂撞失態的時候，何況是現在的企業領導者，到了這個時候，不妨學學宋太宗，無心之過不值得懲罰，但不罰又恐怕不合理，乾脆裝裝糊塗，寬宏大量。

聰明的領導者，要懂得識人之長，更要懂得容人之短。人無完人，自己也不是十全十美，就沒有必要去苛求自己的下屬做到完美無缺。發現了一點點無傷大雅的錯誤，卻能夠寬容的理解，甚至「充耳不聞」，這是領導者品德的仁厚和睿智，也是一種領導的智慧。你的行為保全了下屬的面子，更是給他的一份關愛，從此只會換得下屬的盡心竭力、勤勤懇懇，感激涕零之餘，他也必然會打起十二分的精神，防止自己再犯錯。

詹姆斯‧錢皮
公認的研究業務重組、組織變革和企業復興等管理問題的世界權威。1993年，他與麥可‧哈默合著《企業再造》一書。錢皮和哈默的「再造」定義，簡單地說就是以工作流程為中心，重新設計企業的經營、管理及運作方式，在新的企業運行空間條件下，改造原來的工作流程，以使企業更適應未來的生存發展空間。

長孫皇后的「信任」理論
——以理服人

批評能不能奏效，關鍵在於批評者能否以理服人。

　　長孫皇后是隋朝驍衛將軍長孫晟的女兒。長孫氏十三歲時便嫁給了當時十七歲的李世民為妻，她年齡雖小，但家教很好也很懂事，一直都非常細心的照顧公婆、相夫教子，因此李世民也非常的尊重她。

　　李世民繼承皇位以後，身為皇后的長孫氏依然保持著賢良恭儉的美德。對待公婆更是盡心盡力，對太上皇李淵，她十分恭敬而細緻地侍奉，每日早晚必去請安，並時刻提醒太上皇身旁的宮女怎樣調節他的生活起居。

　　長孫皇后的哥哥長孫無忌，與唐太宗相交甚好，又是功臣元勳，唐太宗李世民打算讓長孫無忌在朝廷擔任要職。但是長孫皇后怕長孫家族勢力太大而引起不必要的麻煩，便堅決不同意，最後唐太宗無奈，只能讓長孫無忌做了一個普通的官。

　　當時唐太宗身邊有一位著名的臣子魏徵，他經常當面指出唐太宗的一些不當的行為和政策，並力勸他改正，因為直言不諱，唐太宗對他頗為敬畏，常稱他是「忠諫之臣。」

　　但有時在一些小事上魏徵也不放過，偶爾會讓唐太宗覺得面子掛不住。一次，唐太宗興致突發，帶了一大群護衛近臣，要到郊外狩獵。還沒有走出宮門便碰見了魏徵，魏徵問明了情況，隨即對唐太宗進言道：「現在是春天，是萬物剛剛開始生

長的季節，禽獸也剛開始哺育幼兒，不是狩獵的好時節，還請陛下返宮。」

唐太宗當時興致正濃，心想：「我堂堂天子，富有天下，好不容易抽空出去消遣一次，就是打些哺幼的禽獸又怎麼樣呢？」於是他命令魏徵讓到一旁，自己仍堅持出去打獵，然而耿直的魏徵不肯妥協，站在路中堅決攔住唐太宗的去路，唐太宗怒不可遏，下馬氣沖沖地返回宮中。

唐太宗回宮後，義憤填膺地對長孫皇后說：「一定要殺掉魏徵這個老頑固，才能一洩我心頭之恨！」長孫皇后輕聲問明了事情的經過，也不說什麼，只悄悄地回到內室穿戴上了只有在重大活動時才穿的禮服，然後面容莊重地來到唐太宗面前，跪倒在地說：「恭祝陛下！」她這一舉措弄得唐太宗滿頭霧水，不知她為什麼要如此隆重。唐太宗非常吃驚地問：「是什麼事情要如此的隆重？」

長孫皇后一本正經地回答：「我聽說君主聖明，臣下才敢直言。現在魏徵直諫，正說明陛下聖明啊！我怎麼能不向陛下慶賀呢？」唐太宗聽了長孫皇后的一席話，覺得很有道理，自己身為一國之君，為了這點小事卻要殺掉一位正直的大臣，確實有點狹隘，從此消除了對魏徵的不滿情緒。由此可見，長孫皇后不但氣度寬宏，而且還有過人的機智。

長孫皇后的聰明就在於，她懂得用一種委婉的方式間接批評唐太宗的行為，讓唐太宗主動認識到自己的錯誤。有時候，因為批評的對象比較特殊，不適合直接的

批評，那麼就可以採用更委婉的方式來進行。這樣，既沒有傷害到對方的自尊心，給足了面子，又成功的達到了勸諫和糾錯的目的，而讓被批評者自動認識到自己的錯誤並加以反省，也更能加深他的感受，具有比直接批評更好的效果。

在企業管理中，管理者也不能僅僅依靠發號施令來進行強制性的監控管理，這樣的管理職能雖換來表面的順從，卻無法獲得發自內心的遵從。強制性的制度管理需要結合「德」的力量，要強調管理中藝術手法的實施，以理服人，以情感人，讓每一項制度都獲得員工真心的擁戴，才能充分調動員工的主動性和創造性，讓員工主動的遵守制度，最終達到制度管理的目的。

丹尼爾・戈爾曼

心理學博士，曾任教於哈佛大學，專研行為與頭腦科學，撰寫的作品多次獲獎，其中包括美國心理學協會授予的終生成就獎。他以主張情商應該比智商更能影響成功與否的《EQ》（情商）一書，成為全球性的暢銷作家，其情商概念顛覆了智力天生的觀念。戈爾曼撰寫的《EQ》高居紐約時報暢銷書排行榜達一年之久，全球共銷售500萬冊，各類闡述情商的衍生讀物多達1000多種。

且慢下手——人才考核

未來的競爭是人才的競爭，如何辨識人才並有效的運用人才是企業致勝的關鍵。

一家公司調來了一位新主管，來之前領導者就介紹說這位新主管極有管理才能，讓他來整頓業務，一定會大有起色。

但是，新主管來了三個多月了，卻任何事情也沒有做。他每天都來得很早，和員工們打招呼之後就躲在自己的辦公室不出來了。起初員工們都認為新官上任必定會有大的調整，個個膽顫心驚，謹言慎行。但時間久了卻發現這位主管一點動靜都沒有，於是大家放下心來，各自恢復了原來的狀態。那些經常遲到的、或是辦事不認真的都恢復了本來面目，甚至更為囂張了，他們都認為這位主管是個老好人，壓根兒不用害怕。

四個月後，新主管卻突然開始了大刀闊斧的整頓，他把那些經常遲到、工作不認真負責、推三阻四的人一律開除，有能力的獲得提升並加薪、發獎金。這位新主管下手之快、斷事之準，與四個月前表現保守的他，簡直像換了一個人。

年終聚餐時，新主管在酒後致辭：「相信大家對我新上任後的表現和後來的大刀闊斧，一定感到不解。現在我給大家說個故事，各位就明白了：

我有一位朋友，買了一棟大房子，帶有一個小院。他一搬進去，就對院子全面整頓，雜草、雜樹一律清除，改種自己新買的花卉。他覺得自己把小院整頓得井井有條，很為自己的勞動成果感到驕傲。但是有一天，原先的房主回訪，一進大門就大吃一驚地問，那株名貴的牡丹哪裡去了？

　　這時，我的朋友才知道，原來他居然把名貴的牡丹當草給割了，真是追悔莫及。後來他又買了一棟房子，雖然院子更加雜亂，但是他汲取了上次的教訓，沒有動這個院子裡的一草一木。果然，一個冬天過去了，以為是雜樹的植物，春天裡開了繁花；春天以為是野草的，夏天卻是錦簇；半年都沒有動靜的小樹，秋天居然紅了葉。直到暮秋，他才認清哪些是無用的植物，並一舉清理了出去，然後把所有珍貴的草木都保存了下來。」

　　故事講完了，主管舉起杯來說：「讓我敬在座的每一位！如果這個辦公室是個花園，你們就是其間的珍木，珍木不可能一年到頭開花結果，只有經過長期的觀察才認得出啊！」

　　考核人才是任用人才的基礎。人才的考核，需要關鍵性考核和經常性考核的有機結合，也需要企業考核機制的不斷科學化、系統化和制度化。

　　對人才的發現是一個長期的過程。路遙知馬力，日久見人心，人才考核是一個綜合性的評定，需要多種多樣的或直接或間接的資料，並對其去粗取精、去偽存真，從本質上全方位的去認識一個人。

　　對人才的考核必須要先樹立起正確的人才觀，要從德、才、勤、績等幾個方面進行綜合性的考慮。真正的人才不僅僅要有紮實的專業知識和極強的動手能力，還需要有良好的工作作風和工作態度，以及高尚的品德，要能夠在自己的職位上做出好的成績，擁有這樣的綜合素質，才真正能夠被稱為人才。

海因茨·韋里克
美國三藩市大學國際管理和行為科學教授。SWOT矩陣的創始人，該方法現在被廣泛應用於戰略制訂領域。他目前的研究領域包括如何提高企業和國家的全球競爭力和全球化領導。韋里克教授在加利福尼亞州大學洛杉磯分校獲得博士學位，並榮獲秘魯利馬的聖瑪丁·珀利斯大學名譽博士學位。他的研究方向包括管理學、國際企業管理和行為科學。

兩隻紅鞋——建立信任

信任可以使部下心情舒暢，幹勁倍增，極大地激發部下的工作積極性和主觀能動性。

很多年前，小雪去美國旅遊。在逛街的時候，她看到有一家百貨公司皮鞋部的門口堆著一堆鞋子，旁邊的牌子上寫著：「超級特價，只付一折即可穿回。」在這一堆鞋子中，小雪一眼便看中了一雙漂亮的紅鞋，再看價錢，原價70美元，現價7美元，真是太便宜了。

她拿起鞋子試了試，很合適，而且感覺這雙鞋的材質很好，真是一雙很棒的鞋。她高興地把這雙鞋捧在手裡，叫來買鞋的工作人員。工作人員熱情地招呼她：「您好，您喜歡這雙鞋嗎？正好配您的衣服。」

然而，工作人員卻接著說：「能讓我再看一下鞋子嗎？」小雪不解地問：「有什麼問題嗎？」工作人員趕緊安慰說：「不！不！別擔心，我只是要確認一下是不是那兩隻鞋。嗯，確實是！」「什麼叫兩隻鞋，明明是一雙啊！」

鞋店的工作人員坦誠地說：「您這麼喜歡這雙鞋，而且打算買下來了，但是有一個情況，我希望您在買之前能知道。請隨我來。」於是，工作人員帶著小雪躲開擁擠的人群，在鞋店的一角坐下。

這位小姐向小雪解釋說：「非常抱歉！我必須讓您明白，它真的不是一雙鞋，而是相同皮質，尺寸一樣，款式也相同的兩隻鞋。您可以仔細比較一下，雖然顏色

幾乎一樣，但是仔細看還是有一些色差的。我們也不知道是否以前賣鞋時，銷售員或顧客弄錯了，各拿一隻，所以，剩下的其實是不同的兩隻鞋。雖然它們正好可以湊成一雙，但畢竟不是真正的一雙鞋。在這件事上我們不能欺騙您，如果您現在知道了真相打算放棄，您可以再選別的鞋子。」如此真摯的談話，讓小雪感動不已，她仔細看了這雙鞋，覺得並沒有大問題，還是買下了它，同時，因為這位小姐的真誠，她還買了兩雙其他的鞋。

回國之後，她逢人便講述她的這段經歷，還不忘展現她那雙紅鞋。以後，她不僅每次去美國的時候會去逛逛那家百貨公司，還要求她的朋友一定要去逛逛。

有些生意人總把顧客當傻子，耍些小聰明、小花招，靠一時的欺騙謀取利益，但久而久之，顧客知道了真相，自然不會再回來光顧，這樣害的反而是自己。做銷售是這樣，身為一個管理者也是一樣，必須在員工中建立起彼此的信任來。

一個團隊的協同合作，必須以彼此的信任為基礎。一個管理者首先要獲得員工的信任，這樣才可以更好的管理員工，施行自己的主張，不被信任的管理

者總會被認為是獨斷獨行和自謀私利，而不會被員工信服。同樣的，管理者也要學會信任自己的員工，要相信員工會踏踏實實的做事，也會將事情辦完、辦好，當管理者給予了下屬足夠的信任，那麼員工通常是不會辜負管理者的期望的。只要這種雙向信任的氛圍建立起來了，這個團隊就是一個成功的團隊。

克雷頓·奧爾德弗

ERG需要理論的創始人，美國耶魯大學行為學教授、心理學家。奧爾德佛的貢獻是發展了馬斯洛需要層次理論，提出了「ERG需要理論」。奧爾德弗指出，各個員工的需要結構和強度是各不相同的。有的員工是生存需要佔主導地位，有的員工是關係需要或發展需要佔主導地位。

王永慶賣米——贏得人心

要贏得別人的心，只有拿自己的心去交換。

　　王永慶，台塑集團總裁，在世界化學工業界居「50強」之列，是台灣唯一進入「世界企業50強」的企業王。不過，六、七十年前的王永慶，只是個貧困家庭的孩子，沒有學歷、沒有資本。可是為什麼一個米店學徒會發展成為「世界企業50強」的企業王，也許從六十多年前他開米店的時候就可以看出端倪了。

　　王永慶原籍福建安溪，安溪生產茶葉，王家來到台灣後，仍以種茶為生，但生活得十分艱苦。王永慶15歲小學畢業，就去了茶園當雜工，後來又到一家小米店做學徒。

　　第二年，他就用向父親借來的200元做本金，自己開了一家小米店。由於當時白米加工技術比較落後，白米裡經常混雜著一些雜物，大家習慣了這樣，也都不太在意。但王永慶在賣米之前都會認真把混雜在米裡的米糠、沙粒、小石頭等雜物挑出來，這樣，他的米就比別人的乾淨得多，這個小小的舉動，讓他得到了不少顧客的認可。

　　王永慶賣米送貨上門，每次都要幫買米的人家把米倒進缸裡，如果米缸裡還有米，他就將舊米倒出來，將米缸刷乾淨，然後將新米倒進去，將舊米放在上層。這樣，米就不至於因陳放過久而變質。不僅如此，他還在一個本子上詳細記錄了每個顧客家有多少人、一個月吃多少米、何時發薪等。算算顧客的米該吃完了，他就送米上門；等到顧客發薪的日子，再上門收取米款。他的這些細小的舉動令不少顧客

深受感動，久而久之，人們都喜歡買他的米。於是他的米店從一家開到多家，不斷發展壯大。

時間久了之後，王永慶的生意越做越大，越做越好，從這家小米店起步，王永慶最終成為今日台灣工業界的「龍頭老大」。後來，他談到開米店的經歷時，不無感慨地說：「雖然當時談不上什麼管理知識，但是為了服務顧客做好生意，就認為有必要掌握顧客需要，沒有想到，由此追求實際需要的一點小小構想，竟能做為起步的基礎，逐漸擴充演變成為事業管理的邏輯。」

王永慶為什麼會成功？因為他懂得用心，他能夠從顧客出發，研究顧客的需要，從細微處著手，將心比心，最終贏得了顧客的心。

贏得人心就能贏得一切。身為管理者也要善於把握人心、努力順應人心，贏得

人心。管理並不是冷冰冰的制度，而需要用「心」去管理，這是一場人對人的管理。一個管理者，應該給予下屬足夠的尊重，應該時時刻刻激勵下屬、讚美下屬，要和下屬站在平等的地位，積極與下屬溝通，隨時給予溫暖和關愛，那麼管理也就成為一件自然而善意的事情，高績效工作目標必然能夠輕鬆實現。

羅莎貝斯・莫斯・坎特

最負盛名的管理作家之一，與湯姆・彼得斯屬於同一輩分的大師。她目前是哈佛商學院的首席管理教授，專長領域是戰略、創新和變革。年近60歲的坎特是社會學博士，1986年到哈佛任管理教授之前是耶魯大學的社會學教授。她的主要研究領域是組織，旨在理解和解釋最重要的組織——大公司，並使之變得既有效又更人性。

兔子和胡蘿蔔──善用激勵

企業管理只用物質激勵不一定能起作用，必須把物質激勵和精神激勵結合起來才能真正地調動廣大員工的積極性。

從前有一群兔子，由兔王統一管理，牠們的生活倒也不愁吃喝，其樂融融。但是有一段時間，兔王發現由於一部分兔子偷懶，所以兔子們帶回來的食物越來越少了，並且，那些偷懶兔子的消極情緒還對其他兔子造成了不好的影響，於是兔子們一個接著一個的開始偷懶。兔王覺得這件事很嚴重，如果持續下去的話，兔子們就沒有食物了，於是兔王決定要改變這種狀況。

很快，兔王宣佈了一項獎勵措施：誰在外出尋找食物時表現最好，就獎勵誰一根胡蘿蔔。

第一根胡蘿蔔由一隻小灰兔得到了，但是接下來發生的事讓兔王措手不及。有幾隻老兔子說小灰兔愛表現、不謙虛，說兔王獎勵小灰兔是不應該的。兔王只好說：「我認為小灰兔的工作表現不錯。如果你們也能積極表現，自然也會得到獎勵。」

沒過多久，兔子們就發現了被兔王獎勵的秘訣，那就是只要善於在兔王面前表現，就可以獲得獎勵。於是，在兔群中形成了一種現象，那些善於在兔王面前表現的兔子不工作卻能得到獎勵，而那些埋頭苦幹、不知表現的老實兔子卻受到了冷落。於是許多兔子都千方百計地討兔王的歡心，甚至不惜弄虛作假，而不再去認真尋找食物。

兔王發現了問題的嚴重性，決定改革兔子們弄虛作假的弊端。很快兔王就在老兔子們的幫助下，制訂了一套有據可依的獎勵辦法：兔子們要按照完成的數量得到獎勵，並且需要經過驗收。

這個辦法很有效，兔子們的工作效率大大提高了，採集回來的食物明顯增多。但是沒過幾天，食物又開始減少了，這是為什麼呢？原來是附近的食物都被採摘光了，沒有誰願意主動去尋找新的食物源。這種短期的功利主義顯然也不可行，兔王再次陷入了困擾。

有一天，小灰兔哈哈沒能完成當天的任務，他的好朋友多多主動把自己採集的蘑菇送給他。兔王聽說了這件事，對多多助人為樂的品德非常讚賞，給了多多雙倍的獎勵。之後，大家又開始改變方式討好兔王，不會討好的就找兔王吵鬧，弄得兔王坐臥不寧、煩躁不安。有的說：「憑什麼我做得多，得到的獎勵卻比多多少？」有的說：「我這一次做得多，得到的卻比上一次少，這也太不公平了吧！」

兔王在萬般無奈之下，宣佈凡是願意爲兔群做貢獻的志願者，可以立即領到一大筐胡蘿蔔。重賞之下，必有勇夫，幾乎每個兔子都踴躍報名，熱鬧非凡。

但是那些踴躍報名的兔子之中沒有一個如期完成任務。當兔王生氣地責備牠們時，牠們異口同聲地說：「這不能怨我呀，兔王。既然胡蘿蔔已經到手，誰還有心思去工作呢？」

在人力資源管理中，胡蘿蔔就是一種激勵，是激勵員工努力完成工作任務的方法和方式。但是，如何用好胡蘿蔔，則是門很大的學問。

激勵可以分爲物質激勵和精神激勵兩種。物質激勵是指透過物質刺激的手段，鼓勵員工工作。它的主要表現形式有發放工資、獎金、津貼、福利等；精神激勵則是讚美、表揚、鼓舞和精神上的支持等。物質激勵是激勵的主要模式，也是最普遍應用的激勵模式，因爲物質需要是人類的第一需要。有些時候，物質激勵耗費雖多，卻不能達到既定的目的，這時候便需要與精神激勵相互結合，用讚美給予員工自信心，激發他們的責任心，進而更好地達到激勵的目的。

拉姆・查蘭
生長在北印度的一個鄉野小鎮，在哈佛大學商學院獲得MBA之後，他留校執教數年。之後他專注於自己的諮詢和企業訓導工作，是聞名世界的管理顧問。拉姆・查蘭信奉積極主動、身體力行的管理方式，他是數位時代親歷式管理的宣導者。

半壺水
──培養員工的責任感

責任感是一種個人選擇，意味著你選擇了要克服環境束縛，為實現預期結果而擔責。

在波濤洶湧的大海上，一艘輪船不幸失事，船長帶著倖存的7名水手跳上了救生艇，他們在海面上漫無目標地漂流。

十多天過去了，他們倉惶中帶出的乾糧都吃完了，最珍貴的淡水也只剩下半壺。所有的人這幾天來都滴水未進，狼一樣的七雙眼睛都死死的盯著船長手中的水壺，然而，唯一帶著槍的船長卻用槍指著他們，不允許他們再喝一點點水──他很清楚，這點水對他們八個人來說根本沒有用，但有水就有活下去的希望，沒有了水，大家就再也難撐下去了。

七個人當中，最兇狠的是一個禿頭的傢伙，他把雙眼瞇成一道縫，牢牢的盯著船長，用他因為乾渴而變得格外沙啞的嗓子說：「把水給我們，你堅持不下去的。」但船長依舊堅定的用槍指向他，逼著他退後兩步，他嘆口氣，乖乖地坐下了。

又一天過去了，船長感覺自己的視線越來越模糊，手也開始發抖，為了保護這半壺維繫著生命之希冀的淡水，他已經一整天沒有闔眼了。僅剩的意識告訴他，他一定要撐下去，否則他們會很快地魯莽的將這最後的希望耗盡，最終把自己推向絕

望和死亡的深淵。然而，越來越重的眼皮和模糊的意識讓他再也堅持不住了，他握槍的手一點點軟下去，軟下去……恍惚中，他將槍塞給了離他最近的禿頭，斷斷續續地說：「請你……接替我。」然後就臉朝下跌進了船艙。

船長再次醒來的時候已經是第二天的黎明了，他聽到耳畔有個沙啞的聲音說：「來，喝口水。」——是禿頭！驚訝的船長看到了禿頭手中那個完好的淡水壺。禿頭一手拿著淡水壺，另一隻手穩穩地握住槍，對著其餘6個越發瘋狂的水手。

看到船長不可置信的表情，禿頭略顯侷促地說：「你說過，讓我接替你，對嗎？」

又經過一天一夜的漂流，遠處的海平面上，一艘救援船向他們駛來。

為什麼禿頭會從最瘋狂搶水的船員突然轉變為護水之人？答案很簡單，責任感。突然接收到的任務讓他覺得自己有不可逃避的責任，也讓他迅速擔負起了這個重擔。

責任感是維繫一個企業的重要因素之一。一個管理者，就應該讓每一個員工都

感覺到他對這個企業應付的責任，當管理者覺得員工對企業沒有責任感的時候，首先應該反省一下自身，是否真正的賦予了員工責任。當一個員工感覺到自己承擔起某些責任的時候，他才會認認真真的去應對這些挑戰，並解決相關的問題。當每一個員工都對自己的工作高度負責的時候，這便是管理的最高境界，也是一個企業走向成功的根本。

林德爾·厄威克（1891年～1984年）
國際管理協會的首任會長，研究綜合古典管理理論，最大的貢獻是與盧瑟·古利克一起對經典的管理理論進行了系統的整理。提出了組織的八項原則，著有《行政管理原理》、《管理的要素》。

不爭氣的馬——負激勵

負激勵起到控制員工行為的作用。

從前有個人養了一匹馬，他一直想讓自己的馬能夠在賽馬比賽中得到冠軍，但是他的馬卻不給他爭氣，連走路都慢吞吞的。

有一天，主人和馬一起觀看了一場精彩的賽馬比賽。看完比賽後，主人又開始唸叨起自己的馬來。他對自己的馬說：「我的好馬兒啊，如果你能像賽馬場上那些矯健的駿馬中的任何一匹一樣，我就心滿意足了。你可是辜負了我對你的苦心啊，我每天都餵你最好的飼料，經常為你刷毛、沖洗，而你呢，走起路來慢吞吞的，還不如一頭老驢走得快呢！如果不是你和我在一起這麼久了，我早就把你賣了。你就不能跑快點嗎？」

這時，主人的馬不服氣了，說：「我的待遇怎麼能和賽場上那些馬比呢？你看看牠們的裝備，那麼漂亮，就比如說牠們的馬鞍吧……」馬的話還沒有說完，主人就恍然大悟的說：「對，對，對極了，賽場上那些馬的馬鞍都是錚亮的，你也應該有一副那樣的馬鞍，我回去馬上幫你配。」

沒過幾天，新的馬鞍就配好了，但是這匹馬並沒有多大改觀。主人又忍不住對馬說：「我的好馬兒啊，你不是想要一副錚亮的馬鞍嗎？現在已經配好了，你為什麼還不施展自己的本領呢？」

這時馬又說了：「主人，你是給我配了一副馬鞍，可是你看看賽場上那些駿

馬的裝備，比如說牠們的轡頭吧……」馬的話又沒說完，主人又恍然大悟的說：「對，對，那些駿馬的轡頭確實挺漂亮的，我這就去幫你買新的轡頭。」

新的轡頭買好了，可是他的馬依然如故。就這樣，馬的主人滿足了馬的所有要求，可是這匹馬卻沒有一絲要努力的意思。

這下馬的主人困惑了，我的馬擁有了一切牠所想要的，但牠爲什麼不能像賽場上的駿馬一樣飛速奔跑呢？

主人十分的困擾，就去向他的朋友訴苦，朋友聽完他的講述，笑著告訴他說：「那是因爲你手裡缺少一根鞭策你的馬上進的鞭子。」聽到這裡，主人若有所思，似乎明白了些什麼。

故事裡的這匹馬之所以沒有長進，是因爲馬的主人沒有對牠實行懲戒政策。在企業管理中，同樣需要懲戒政策，不過我們叫它做「負激勵」。

負激勵就是指對個體的違背組織目標的非期望行為進行懲罰，以使這種行為不再發生，使個體積極性朝正確的目標方向轉移，具體表現為紀律處分、經濟處罰、降級、減薪、淘汰等。在企業中，總會有員工犯下錯誤，違背企業的制度，在這種時候，採取相對的懲罰，可以起到殺一儆百的作用，讓員工加深對企業制度的尊重，進而提高對自我行為的管理。

有一點需要注意的是，一定要把握好負激勵的「限度」，過於嚴厲的處罰會給員工造成工作的不安定感，會讓員工與上司關係緊張，同事感情破裂，甚至破壞企業的凝聚力；但太輕的處罰又達不到預期的目的，因此一定要注意掌握好這個「限度」。

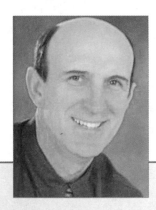

羅伯特・奎恩
美國密西根大學教授，一直在美國密西根大學從事組織行為學和人力資源的管理工作。他所從事的研究主要停留在組織的有效性和領導。出版了眾多著作，提出用於分析組織內部衝突與競爭緊張性的競爭價值理論模型。
代表作：《診斷和改變企業文化：基於競爭價值理論模型》。

馬歇爾的用心良苦
——有效的溝通

有效的溝通必須要得到對方的回應。

馬歇爾計畫又稱歐洲復興計畫，是二戰後美國對被戰爭破壞的西歐各國進行經濟援助、協助重建的計畫，對歐洲國家的發展和世界政治格局產生了深遠的影響。該計畫因時任美國國務卿喬治‧馬歇爾而得名。

但是馬歇爾計畫在制訂之初並不怎麼順利。這個促使歐洲復興的計畫在制訂之後基本上得到了美國人民的支持，但是時任美國國務卿的馬歇爾卻有一個顧慮，那就是如何說服錙銖必較的國會拿出巨額資金去支援歐洲。

馬歇爾計畫制訂好之後，美國的國會撥款委員會將舉行聽證會，研討是否施行這個援助歐洲重建的計畫。在舉行聽證會之前，美國國務院的兩位專家通宵達旦的工作，起草了一份關於馬歇爾計畫的發言稿，收集關於歐洲的實際情況的資料，列舉了一系列令人信服的理由，提出了實施計畫的要求，並配以大量具有權威性的具體細節做為論證，說明這一計畫可使歐洲免於浩劫，同時又對美國有利的道理。以此希望馬歇爾計畫能夠順利通過。然後他們興沖沖地把自己的勞動成果——那份發言稿交給了馬歇爾。

馬歇爾看了這份發言稿之後，好久沒有說話，最後他往椅背上一靠，說：「我不想用這個稿子了。」辛辛苦苦把發言稿整理出來的專家們大吃一驚，以為自己的

稿子不符合馬歇爾的要求。

馬歇爾看到大家吃驚的表情，說：「我不是說你們的發言稿寫的不好，而是我們要弄清楚撥款委員會透過舉行聽證會時是希望聽到什麼。他們想知道的是我對這個計畫的看法，而不是你們的看法。如果我在聽證會上讀這篇發言稿，他們自然會知道是你們寫的，這無法代表我的看法。如果我不帶演講稿去的話，我會首先向撥款會員會說明，我來參加聽證會，已經準備好了回答你們的問題。這樣他們才知道我是否真正瞭解這個計畫，他們才會放心的撥款給我們。當然，在去聽證會之前，我會仔細閱讀這篇發言稿，這樣我才能在聽證會上對他們提出的問題對答如流。」

後來的事實證明了馬歇爾的這種分析是正確的，計畫終於獲得撥款委員會的支持，從此得以順利進行。

馬歇爾站在客觀的立場上，從對方的思考角度出發思考問題，掌握到了對方的心理，也就成功的獲得了別人的理解和支持，達到了自己的目的。因此，要達到溝通的目的，就必須學會基於對方需求的溝通。

在管理上，溝通也是一個必不可少的方法。管理者應該真正的瞭解員工的想法，多從員工的角度出發去考慮問題，多接受員工的建議，讓自己與員工之間的溝通更順暢也更有效。同時也應該鼓勵員工之間良好的溝通，足夠的溝通能夠提升公司內部之間配合的默契度，將一些摩擦和問題消滅在萌芽狀態，創造良好的工作氛圍和人際關係，提高員工的工作效率。

羅伯特・坦南鮑姆（1915年～2003年）
美國著名企業管理學家，領導行為連續體理論的提出者。坦南鮑姆在領導理論方面提出了富有創見的連續分析方法，並在敏感性訓練和組織發展方面進行了卓有成效的研究工作，他和華倫・施米特合著的《如何選擇領導模式》是一部著名的管理學專著。

讚美著批評──巧用負激勵

批評是一門藝術，也同樣需要技巧，講技巧的批評對事情的解決有著積極的促進作用。

這是一家工廠中午休息的時候，大家都在廠房裡聊天休息，經理偶然間去了其中的一個廠房，卻看到幾個工人正在吸菸，而在那些工人頭頂的牆上正懸掛著一面「禁止吸菸」的牌子。看到這種情景，經理並沒有指著那塊牌子責問：「你們不識字嗎？」而是走到那些工人面前，拿出菸盒，給了他們每人一支雪茄，並且說道：「嘿，弟兄們，別謝我給你們雪茄，如果你們能到外面吸菸，我就更高興了。」那幾個工人聽了這話，很快意識到自己犯錯了，可是他們不但沒受到責罰，經理還給了他們雪茄，看到經理如此寬容，工人們都非常自責，他們急忙向經理道歉，並保證以後一定注意。從此，他們再也沒在廠房裡吸過菸了。

斯提芬太太也很懂得運用這樣的方法。前段時間，她請了幾個工人來蓋房子。可是每天當她下班回家的時候，都發現院子裡被弄得亂七八糟，木材和水泥堆得到處都是，木屑滿天飄，鄰居也不滿的跑來投訴。可是，這幾個工人的技術不錯，斯提芬太太又不想半路棄用他們，直接批評又怕他們會有情緒，想來想去，斯提芬太太想到了一個好辦法。

　　等到工人們離去之後，斯提芬太太叫來丈夫和孩子們一起將院子全都清理乾淨，他們將木材和水泥都整整齊齊的堆放好，又把所有的木屑和垃圾都清掃出去。第二天，當工人們又過來開工的時候，斯提芬太太又把工頭叫到一旁，對他說：「我很高興你們昨天把院子清掃得那麼乾淨，沒有惹得鄰居們說閒話。」

　　從此以後，工人們每天完工之後，都會把東西整理的整整齊齊，把垃圾都清掃乾淨，而工頭也每天檢查院子是否清理過。

　　這兩個故事都是有技巧的批評。當面指責他人，對方因為丟了面子，只會嘴硬的不去承認錯誤或是頑固抵抗，而巧妙地暗示對方注意自己的錯誤，既達到了讓對方改正的目的，又不會使人難堪。而批評正是負激勵的一種方式，只要能夠把握好時機和分寸，就可以達到極好的激勵目的。

　　負激勵需要很好的把握限度，不可過分也不可太輕，否則會讓員工產生叛逆心理，或者導致管理者權威受損、企業管理制度無法達到作用。同時，針對不同的員工需要有不同的方式，要根據其性格類型來進行。管理者應該認真傾聽員工自己的意見，進行坦白的交談和溝通，進而更好的達成共識，儘快去解決問題，並在今後的工作中預防同類問題的發生。

華倫‧施密特
領導行為連續體理論的提出者，美國加利福尼亞州大學洛杉磯分校的高級講師。施密特與坦南鮑姆於1958年3～4月號《哈佛商業評論》上合作發表了《如何選擇領導方式》一文，提出了「領導模式連續分佈場」這一新概念。很快，這一成果就被管理學界所接受，成為研究企業及其他各種組織領導問題的經典之作。

為什麼走不出沙漠
——目標管理

一個具有明確目標的組織才能成為一個高效的組織。

比塞爾是西撒哈拉沙漠中的一個旅遊勝地，每年有數以萬計的旅遊者來這兒遊玩。可是在肯·萊文於1926年發現它之前，這裡是一個封閉而落後的地方。生活在比塞爾的人沒有一個走出過大漠，不是他們不願離開，而是因為比塞爾人嘗試過很多次都沒有走出去。

肯·萊文剛來到這個小村莊的時候，一點也不相信這種說法。他用手語向很多人探問比塞爾人走不出去的原因，結果他們的回答都是一樣的：從這兒無論向哪個方向走，最後都還是轉回出發的地方。

於是肯·萊文做了一次試驗，從比塞爾村向北走，結果用了不到三天半的時間就走了出去。

比塞爾人為什麼走不出去呢？肯·萊文非常納悶，最後他讓一個叫阿古特爾的年輕比塞爾人為他帶路，看看他們是怎麼走的？他們帶了半個月的水，牽了兩隻駱駝，肯·萊文收起指南針等現代設備，只挂一根木棍跟在比塞爾人的後面。

十天過去了，他們走了大約八百英里的路程，第十一天的早晨，他們果然又回到了比塞爾。這一次肯·萊文終於明白了，比塞爾人之所以走不出大漠，是因為他們根本就不認識北斗星。

比塞爾村位於撒哈拉沙漠的中間地帶，周圍上千公里內沒有一個參照物。我們可以想像一下，在一望無際的沙漠裡，沒有任何路標，一個人只憑著感覺走的話，他會走出許多大小不一的圓圈，最終回到原點。比塞爾人不認識北斗星也沒有指南針，所以他們一直沒有能夠走出沙漠。

肯·萊文在離開比塞爾之前，特地帶著阿古特爾去認識了北斗星。他告訴阿古特爾，只要你白天休息，夜晚朝著北面那顆星走，你就能走出這個沙漠。後來，阿古特爾照著他的方法去做，三天之後，他果然來到了大漠的邊緣。從此，阿古特爾成為比塞爾的開拓者，他的銅像被豎立在小城的中央，銅像的底座上刻著一行引人深思的文字：新生活是從選定方向開始的。

「新生活從選定方向開始」，一段人生旅程是從設訂目標的那一刻開始的。一個企業也是如此，它必須有著明確的發展目標，只要有共同的目的，那麼這個企業中的成員才能朝著共同的方向發展，也才有達到這個目標的可能。

目標管理是企業經營管理中最有效的基礎管理方法之一，也是經理人技能提升的主要內容。目標管理的核心是，建立一個企業內的目標體系，全體員工各司其職、各盡其能，推進組織目標的達成。目標的確定能夠讓管理者和下屬聯合起來，共同協商，為了一個具體的目的而努力。

一個制度化的企業，應該有一個合理的企業目標，同時又能夠把這個目標分解為一系列的子目標，讓它們融入每一個員工的心中，成為每一個員工行為的動力和方向，這樣，這個企業才是一個有凝聚力的集體，最終才能達到自己的目標。

雷格・瑞文斯（1907年～2003年）

英國重量級管理大師，首創管理者行動學習的觀念，被尊稱為「行動學習法之父」、全球第一位「藝術管理」大師。其擔任英國Essey省副總教育官、國家礦業局的教育主任等職期間，瑞文斯博士開始了「行動學習」的理論研究和課程系統的創立，輔助專業經理人在提出問題和聆聽專家們的解決方案時，學習更多關於經營管理的方法和技巧。

白圭經商有道
──市場行情預測

有效的管理者要有對目標的「控制」能力，「控制」應當在事前、事中、事後貫穿全過程，事前透過預測分析進行控制；事中透過回饋檢查進行控制；事後透過評價糾正進行控制。

　　魏文侯在戰國七雄中首先實行變法，他改革政治，獎勵耕戰，興修水利，任用李悝、吳起等人，富國強兵，開拓大片疆土，使魏國一躍爲中原的霸主。當時的西周洛邑（今河南洛陽）人白圭也曾經在魏文侯手下爲官，在李悝施行農業改革的時候，他就在一旁觀察農業生產的發展情況，從此掌握了農業生產的規律。

　　白圭懂得天文地理，掌握了天氣情況和農業的關係，他瞭解到，太歲在卯位時，當年五穀豐收，但第二年年景會不好；太歲在午宮時，會發生旱災，但第二年年景則會很好；當太歲在酉位時，五穀豐收，可是第二年年景會變壞；當太歲在子位時，天下會大旱，第二年年景會很好，有雨水。於是，他會根據每年的年景，在豐年之時囤積糧食，在第二年再賣出。他還奉行「人棄我取，人取我予」的經營方針，當貨物太多，別人都低價拋售的時候，他就會大量收購，而當貨物不足，人們高價索求時，他就出售。當穀物成熟時，他就大量買進糧食，而出售絲、漆；蠶繭結成時，他則轉而買進絹帛綿絮，出售糧食。

　　有一次，李悝向他請教經商之事，白圭告訴他說：「我做經商致富之事，講究智、勇、仁、強。就是說，要像伊尹、呂尚那樣籌畫謀略，像孫子、吳起那樣用兵

打仗，像商鞅推行法令那樣果斷。所以，如果一個人的智慧稱不上隨機應變，勇氣上不夠果敢決斷，不能夠行仁德之事，強健但不能夠有所堅守，就算他想學習我的經商致富之術，我也是不會教他的。」

後來，天下經商之人都效法白圭的行商之道，並奉他為祖師爺，宋景德四年（西元1007年），真宗封其為「商聖」，從此，他也就成為了中國商人之祖。

白圭的成功很重要的一點就在於他懂得觀「時」，將趨「時」觀變置於商業經營管理之首。這裡的「時」並不是簡單的農時和時令，而是指市場行情的發展趨勢。他樂觀時變，「人棄我取，人取我予」，這樣低進高出，必能從中獲利，累積財富。

所謂市場預測，就是運用科學的方法，對影響市場供求變化的諸多因素進行調查研究，分析和預見其發展趨勢，掌握市場供需變化的規律，為經營決策提供可靠的依據。身為企業引導者的管理者，就更應該時刻注意外界的動向，即時做出市場預測和果斷決策，並果斷處理突發事件。

吉爾特‧霍夫斯塔德

社會人文學博士，曾主管過IBM歐洲分公司的人事調查工作，荷蘭馬城大學國際管理系名譽教授，在歐洲多所大學任教，並擔任香港大學榮譽教授，從事組織機構人類學和國際管理。其代表作《跨越合作的障礙——多元文化與管理》，被稱為「具有啟示性的專著」。

彌勒佛和韋陀——明確分工

　　每個人都有自己的優勢，也有短處，尋找一下可以與自己互補的夥伴，建立良好的合作關係，這就是共贏。

　　去過寺廟的人都知道，一進廟門，首先是彌陀佛，笑臉迎客，而在祂的北面，則是黑口黑臉的韋陀。爲什麼會這樣安排呢？

　　彌勒佛是中國民間普遍信奉、廣爲流行的一尊佛。祂身材矮胖，大腹便便，袒胸露乳，總是一副笑顏逐開的表情，讓人們看到了就覺得很開心，而且據說祂能夠預知吉凶，樂於助人，因此老百姓都非常的喜歡祂。

　　而韋陀菩薩則是釋迦牟尼身邊的護法菩薩。據說釋迦牟尼涅槃時，諸天和衆王便將佛陀火化，並將舍利子分了，各自回去建塔供養。韋陀也分得了一顆佛牙，正打算離開時，一個捷疾鬼混了進來，將祂們其中的一對佛牙舍利搶到手中，拔腿就跑。衆神還沒反應過來，韋陀已經搶先奔出門去，奮起直追，刹那間將捷疾鬼抓獲，奪回了佛舍利。諸天和衆王紛紛誇獎韋陀能驅除邪魔外道、保護佛法，於是以後韋陀便被人們稱爲護法菩薩。

　　起初，彌勒佛和韋陀在同一個廟裡，彌勒佛管帳，韋陀負責迎客。彌勒佛整天都嘻嘻哈哈的，什麼都不在乎，管帳的時候也不認眞，丟三落四，帳目總是弄不清楚。而韋陀在門口迎客，可是祂偏偏生得黑口黑臉，神情肅穆，弄得進門的人看到

祂都覺得十分畏懼，漸漸的大家都不敢來了。既無人上香，又管不好帳，廟裡的香火越來越少，最後索性斷絕了。

後來，佛祖下來巡視，發現了這個問題。於是佛祖命令祂們倆將工作互換，由彌勒佛迎客，韋陀管帳。彌勒佛每日笑臉迎人，樂呵呵的，百姓都樂意來這裡求神拜佛，香火大旺，而韋陀鐵面無私，錙銖必較，將帳目打理得清清楚楚，再也沒有入不敷出的情況發生。從此之後，兩人分工合作，各司其責，廟裡一派欣欣向榮。

對於一個善於用人的管理者來說，沒有廢人，只有沒有用對的人。在組織內部，管理者一個很重要的職能就是科學分工，根據實際動態對人員進行最佳配置。

企業是一個巨大的機器，而每一個員工都是其中的一個零件，只有每個零件都在它合適的位置上正常運轉的時候，這個機器才得以良性運轉。只有每個員工都能夠明確自己的崗位職責，各司其職，才不會產生推諉、扯後腿等不良現象。一旦有人工作不合格、濫竽充數，那就會妨礙到公司的正常運作，最終導致公司工作效率的整體下降。

所以，管理者應該根據實際動態情況對人員數量和分工即時做出相對調整，當企業因為內部原因績效降低的時候，首先應該檢查一下分工是否合理。

庫爾特‧勒溫（1890年～1947年）
心理學家，場論的創始人，社會心理學的先驅，傳播學研究中守門理論的創立者，以研究人類動機和團體動力學而著名。1945年到麻省理工學院任團體動力學研究中心主任。他和他的同事們進行了關於團體氣氛和領導風格的研究。試圖用團體動力學的理論來解決社會實際問題，這一理論對以後的社會心理學發展有很大的影響。

魚骨刻的老鼠
──正確使用目標管理

目標是在一定時期內組織活動的期望成果，是組織使命在一定時期內的具體化，是衡量組織活動有效性的標準。

有一個國家，有兩個非常傑出的木匠，他們的手藝都很好，不分伯仲。

有一天，這個國家的國王突發奇想：「他們兩個人中誰才是最好的木匠呢？不如我來辦一次比賽，那樣就可以知道誰是『全國第一木匠』了。」

於是，國王把兩位木匠找來，為他們舉辦了一次比賽：限時三天，讓他們每人刻隻老鼠，看誰刻的老鼠最逼真，誰就是全國第一木匠。

在這三天裡，兩個木匠都展示出自己最好的手藝，廢寢忘食地雕刻老鼠。三天後，他們分別把自己刻好的老鼠獻給了國王。

公佈比賽結果這天，國王把全部大臣都找來，做這次比賽的評審。

兩隻老鼠拿出來一對比，很明顯，第一個木匠刻的老鼠栩栩如生，非常逼真，鼠鬚都好像會動。

而第二位木匠刻的老鼠卻一點都不像，遠看還以為只是塊木頭疙瘩。

結果很明顯，國王和大臣們一致認為第一個木匠刻的老鼠最像。

第二個木匠卻抗議道：「你們的評審不公平。要決定一隻老鼠是不是像老鼠，

應該由貓來決定，貓看老鼠的眼光比人還銳利呀！」

國王覺得他說的很有道理，便叫人帶來幾隻貓，讓這幾隻貓來決定哪一隻老鼠最像。令大家意想不到的是，那幾隻貓上來之後都毫不猶豫地撲向了那隻看起來並不像老鼠的「老鼠」，不斷的啃咬、搶奪，而那隻栩栩如生的老鼠卻完全被冷落了。

就這樣，第二個木匠獲得了這個「全國第一木匠」的稱號。

國王一直不理解這是為什麼，便把第二個木匠找來問個明白。

國王問第二個木匠：「你是用什麼方法讓貓也以為你刻的是老鼠呢？」

木匠說：「大王，其實很簡單，我只不過是用魚骨刻了隻老鼠罷了！貓在乎的根本不是像與不像，而是腥味呀！」

　　第二個木匠的反敗為勝，正是在於他明確了這場比賽真正的目標。乍看之下，雕刻出最像的老鼠是目的，但再往深處推究，像與不像，真正的判斷者是貓，於是，讓貓覺得吸引才是真正的目標，而不是讓人覺得像。

　　彼得・杜拉克說：「目標並不是命運的主宰，而是方向的指標。目標不能決定未來，它不過是一套用來調動各項資源與能力去創造未來的方法。」所以說，目標並不是一個固定的指標，而只是對於方向的指引，世界充滿變數，目標管理也是。目標管理是一種參與的、民主的、自我控制的管理制度，也是一種把個人需求與組織目標結合起來的管理制度。在企業管理中某些工作的考核也不是簡單明確、一目了然的，所以，需要發現一個工作的目標。在實際中推行目標管理時，要特別注意把握工作的性質，要讓目標管理的推行建立在一定的思想基礎和科學管理基礎上，並長期堅持和不斷完善它，才能使之發揮預期的作用。

哈樂德・凱利（1921年～2003年）
美國社會心理學家。1921年出生於美國愛達荷州博伊西，2003年因癌症逝世於美國加利福尼亞州馬力布。1978年，凱利和蒂鮑特發表了對相互依存做進一步分析的《人際關係》一書，該書發展了社會動機的情境之源理論。他後來的著作《個人關係》總結了其有關親密關係的研究，綜合了他思想的兩個主要方面：相互依存理論（互倚理論）和歸因理論。

修路與修橋
——從全局著眼

企業管理應確保企業的各個部門對全局都能心知肚明，並為企業的整體目標各盡其力。

　　景差是鄭國的相國。

　　有一次，景差帶著隨從，坐著馬車外出，但是剛出都城走了一段路，就發現道路前方車馬擁擠、道路堵塞，馬車都走不動了。景差便讓隨從的人前去看看到底是怎麼回事。探路的人回來報告說，前面有很長一段路淤泥堆積，坑坑窪窪，車、馬每次走到此地便難以前進，馬經常會摔倒路邊，車也陷入泥裡，人只好下車去拼命推拉那些車、馬，搞得十分狼狽不說，還耽誤了人們的行程。

　　見此狀況，景差連忙命令自己的隨從都下去幫忙推車拉馬，自己也親自下車前去指揮，這樣一來，混亂的局面慢慢變得有秩序起來。

　　又有一次，景差坐車經過一條河時，看見一個百姓捲起褲管過河，時值隆冬，河水冰涼刺骨，那位百姓上岸時，兩條腿已經凍僵。景差看到這個情況，趕緊叫隨行的人把那凍得渾身發紫的百姓扶到後面的車上，拿了一件棉衣蓋在他身上。好半天那個人才恢復過來，對景差真是千恩萬謝，感激不盡。

　　這兩次事之後，景差關懷老百姓疾苦的事情也傳開了，大家都稱讚景差是個忠君愛民的人。

　　但是晉國大夫叔向卻不這麼認爲，他批評景差說：「身爲一個相國，景差並不稱職，如果他是一個稱職的相國，就應該對交通情況、橋樑道路知道得很清楚。如果能把泥濘的路面即時清理乾淨，就不至於要親自去指揮疏通了，至於橋樑，他應該在春季就動員百姓把河溝管道清理好，在秋季就組織人力、物力將渡口橋樑修復、架好。到了寒冷的冬季，連牲畜都不能涉水過河了，何況人呢？這樣看來，景差沒有全局概念，不會深謀遠慮，不能稱得上是一位稱職的相國。」

　　叔向的評價是有道理的，身爲掌控大權的一國之相，不懂得從根本上抓住問題和解決問題，卻只會在表面上做文章，顯然是不合格的。

　　一個優秀的管理者，必須擁有總攬全局的決策能力。管理者與一般員工不同，從事的不是具體的、部分的工作，他不需要將精力用在處理工作中的一些細小環節中，而是應該對企業的戰略決策做一個全局的分析和判斷，制訂企業的發展計畫。好的戰略經營必須體現整體意識、宏觀意識，甚至全球意識；既要有全局性，又要有層次性；既要立足於現實，又要有超越意識和未來意識，才能讓企業在發展中立於不敗之地。

克里斯・祖克
貝恩諮詢公司合夥人兼任公司全球戰略實施部總經理，領導該公司全球戰略業務。克里斯・祖克是哈佛商學院技術與經營管理和綜合管理的雙料教授。著有《回歸核心》和《從核心擴張》，兩部著作相輔相成，構成一個完整的體系，爲企業成長戰略提供了一個完美的答案。

桑德斯上校
——堅持你的目標

管理者在遇到困難時要堅忍不拔，迎難而上，鼓舞員工精神，激勵下屬鬥志。

　　65歲的桑德斯上校退休了，現在的他身無分文，唯一的財產是剛剛領到的105美元的救濟金支票，他不知道今後的生活該怎麼辦，他感覺自己陷入了困苦之中。他越想越沮喪，但他告訴自己，我不能就這麼活下去，這樣的生活就是在等死，我要擺脫這種生活。於是，桑德斯上校很鄭重的問了自己幾個問題：到底我能做什麼呢？我有什麼辦法可以改變我的生活呢？

　　於是，桑德斯上校開始搜腸刮肚，思考自己所具有的本領。他想到了一份母親留給他的炸雞秘方，把這個秘方賣給餐館怎麼樣？於是他就開始問每家餐館同樣的問題：「我有一份上好的炸雞秘方，如果你能採用，我可以教你怎樣才能炸得好，怎樣使顧客增加……」然而，餐館的經理看到他的境況，都諷刺說：「如果您真有這麼好的秘方，您還會落魄到這種地步嗎？」

　　一次次的遭到拒絕，桑德斯上校並沒有灰心，反而讓他更在意自己的說話方式，以更有效的說服餐館老闆。他不厭其煩的一家餐館一家餐館地問。他駕著自己那輛又舊又破的老爺車，足跡遍及美國每一個角落。睏了就和衣睡在後座，醒來逢人便訴說他那些點子。他為人示範所炸的雞肉，但自己經常是食不裹腹。最後，桑德斯上校的誠意和說詞被一家餐館老闆

接受了。

但是你知道在這之前，桑德斯上校被拒絕過多少次嗎？1009次，被拒絕1009次之後，才聽到了一聲「OK」。

現在肯德基已成為世界速食連鎖企業，從聽到第一聲「OK」後，桑德斯上校實現了自己的目標。

在歷經1009次的拒絕，整整兩年的時間，我們多少人還能夠鍥而不捨地繼續下去呢？真是不敢想像，也無怪乎世上只有一位桑德斯上校。能夠接受1009次的拒絕，這就是成功的可貴之處吧！

桑德斯上校相信，只要自己堅持去做對的事情，那麼就一定會有成功的那一天，所以他一直堅持不懈地努力著，直到希望到來的那一天。

身為領導者，更要有堅韌不拔的毅力，要比你的下屬更能夠承受困難和壓力。很多時候，當企業的發展前景迷茫，遭遇到極大的挫折和失敗的時候，管理者總是承受著最大的壓力，來自市場的壓力，來自企業內部的壓力，以及來自上司的壓力，在這樣的情況下，如果能夠克服外部壓力，堅定自己的目標和決心，堅持完成自己訂下的目標，那麼，你就能帶領企業獲得最終的成功。

克瑞斯·阿吉里斯
當代管理理論大師、組織學習理論的主要代表人物之一。1957年的《個性與組織》一書，對組織與個人關係的研究獨闢蹊徑，在管理學界聲譽鵲起，大器早成，儼然成為一代學術宗師。阿吉里斯認為：正式組織和人性發展背道而馳。因此，揭開了組織理論的新篇章。

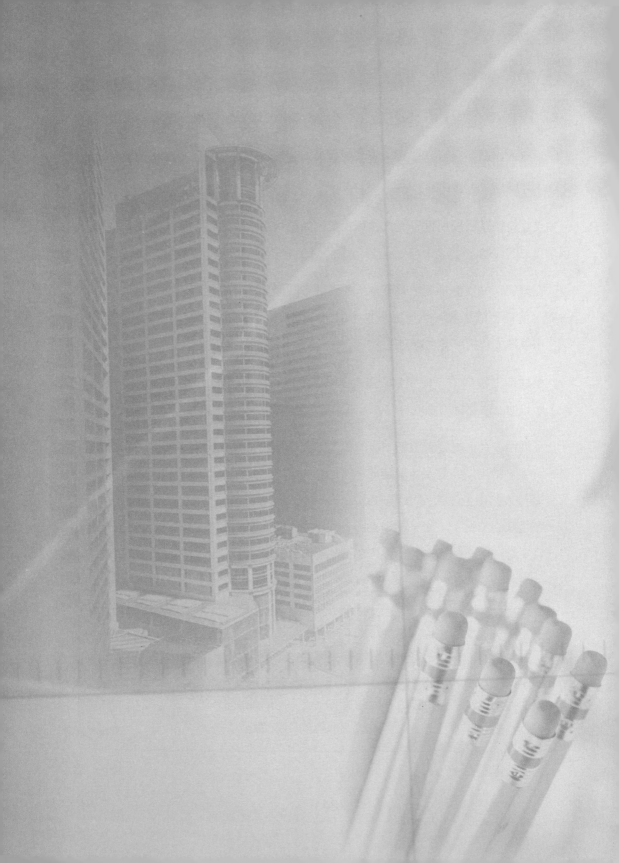

第六章

現代管理創新

鬼谷子與創新思維
——創新的作用

企業的實踐告訴我們，企業創新過程中最關鍵、最艱難的是觀念創新。

鬼谷子是中國春秋戰國時期著名的縱橫家、軍事家。鬼谷子隱居山林，廣收門徒，精通數學、星象學、兵法謀略、地理、縱橫術，並且對道家學問也有獨到的見解，著有《鬼谷子》一書。不僅歷史上縱橫家們奉他為鼻祖，兵家們崇尚他的謀略，民間占卜算卦的也都推尊他為師爺，後人更是將鬼谷子尊為神。

據說鬼谷子的弟子有500多人，其中春秋戰國時期的縱橫家張儀、蘇秦，軍事家孫臏、龐涓，道家茅蒙、徐宮都是他的得意門生，被稱為他的「六大弟子」。這六個人在春秋戰國時期可以說是風雲人物，他們能夠左右時局的變化，各諸侯國都爭相請他們來自己的國家輔政。鬼谷子的弟子都這麼優秀主要歸功於鬼谷子博學和正確的教學方法。

鬼谷子在教學中非常善於培養學生的創新思維。當時，孫臏和龐涓都師從鬼谷子。有一天，鬼谷子讓孫臏和龐涓上山砍柴，限期10天，並要求砍回來的柴「木柴無煙，百擔有餘」，於是兩個人每人拿一把斧頭上山砍柴去了。

龐涓想老師要求10天砍一百擔柴，於是他每天天還沒亮就起床上山，都很努力的砍柴，希望能夠早日砍夠一百擔柴；可是孫臏卻依舊不急不徐的，每天睡到日上三竿，然後才慢吞吞的上山砍柴。

就這樣，10天的期限很快就到了，龐涓和孫臏都帶著各自準備好的東西來到了

老師面前，龐涓身後是滿滿的一大堆柴垛，他跟老師說：「老師，我這裡有一百擔了吧！」鬼谷子搖搖頭說：「恐怕還不夠一百擔呢！」然而，他點燃了龐涓砍下的木柴，火勢很旺，但濃煙滾滾，不符合無煙的要求。鬼谷子又來到孫臏面前時，卻發現孫臏身後只有一擔燒好的木炭，鬼谷子問道：「這怎麼能夠數呢？」孫臏解釋說：「老師說的是百擔有餘，所以我就將榆木燒成木炭，然後用一根柏樹枝做成了扁擔，這樣，不正好是百（柏）擔有餘（榆）嗎？」說完他點燃木炭，雖然火勢也很旺，但一點煙也沒有。鬼谷子大笑道：「很好！很好！這正是我要的。」

多年以後，孫臏和龐涓都成為著名的軍事家，而孫臏更是智謀百出，更勝一籌。這就是鬼谷子的創新思維教育方法的效果了。

鬼谷子所要教導他們的，其實就是創新思維的重要性，也正是創新成就了孫臏，讓他超越了龐涓，成為當時最優秀的軍事家。

個人思維要創新，企業管理也要創新。企業管理創新就是不斷根據市場和社會變化，重新調整人才、資本和科技要素，以知識創新適應市場，滿足市場需求，同時達到自身的效益和社會責任的目標的過程。這個過程也就是管理本身的過程，即管理過程本身就是知識創新的過程，管理就是創新。

創新對個人和團體的作用是巨大的，對一個企業來說，失去了創新精神，也就失去了生命力，必然會被不斷發展的市場所淘汰，同樣的，一個擁有持續創新能力的企業，就具備了經濟發展的巨大潛力。

伊查克‧愛迪思
美國最有影響力的管理學家之一，企業生命週期理論創立者，組織變革和組織治療專家。加州大學洛杉磯分校安德森研究所的終生教授。愛迪思方法的作用在於進行組織治療，這套方法幫助包括美國、以色列、西班牙、墨西哥和挪威在內的許多國家的組織贏得了成效。

「買一贈一」
——觀念的創新

一個企業如果沒有創新，就會如死水一潭，不可能有所發展。

美國的宣傳奇才哈利小時候在一家馬戲團做童工，他的工作就是負責在馬戲場內叫賣各種小食品。可是，每次看馬戲的人本來就不多，買東西吃的人就更少了，尤其是飲料，更是乏人問津。

有一天，哈利忽然冒出了一個大膽的想法，他馬上去向老闆講述他這個聽起來很不可思議的想法：給每一個買票的人贈送一包花生，藉以吸引觀眾。可是老闆一聽便否決了，覺得這個想法太過荒唐，搞不好還會虧本。可是哈利一直苦苦懇求老闆讓他試試，還提出可以用自己的工資做擔保，如果賠錢了的話，就從他的工資裡扣，如果有利潤了，自己只拿一半。這樣苦苦哀求了好久，老闆終於被哈利說動了，答應讓他試試。

第二天，馬戲團演出場地外有一個小男孩在不停的叫賣：「快來看馬戲吧！買一張票送一包好吃的花生！」不少的觀眾聽到這樣的宣傳，都跑過來買票進場了，觀眾一下子比平常多了好幾倍。

開場後，小哈利就開始在觀眾席裡不停的叫賣起檸檬冰等飲料。那些觀眾們都吃了好多的花生，正覺得口乾舌燥，於是大部分的人都會買上一杯。這樣一場馬戲下來，小哈利的營業額比平常增加了十幾倍。

同樣聰明的還有美國的洛克菲勒家族。第二次世界大戰結束後，戰勝國決定在美國紐約成立一個處理世界事務的組織──聯合國。可是紐約的地價非常昂貴，而建立聯合國又必須要有一棟佔地頗廣的龐大樓宇，剛剛成立的聯合國總部經費並不充足，無法承擔這一筆資金。正在一籌莫展的時候，洛克菲勒家族聽說了這件事，他們立刻表示可以無償提供聯合國一塊土地，並出資870萬美元在紐約買下一塊地皮無條件地捐贈給聯合國。

正當所有人都為洛克菲勒家族會做此對自己毫無利益之事而奇怪的時候，洛克菲勒家族又進一步買下了與捐給聯合國的那塊地皮相鄰的全部地皮。不過很快人們就知道了洛克菲勒家族的目的了。當聯合國大樓建成後，四周的地價立即飆升起來，而這些地皮都是屬於洛克菲勒家族的。到了現在，已經沒有人能夠計算出洛克菲勒家族憑藉比鄰聯合國的地皮獲得了多少個870萬美元。

在哈利的「荒唐」和洛克菲勒家族的「發昏」中，體現的是創新的精神。能夠想到別人想不到的東西，做到別人不曾做的事情，創新就有了存在的價值。

創新雖然最終會表現為一種

行為，但它起源於觀念。所有的創新行為起初都只是腦海中的一個念頭，它產生於創新的思維，最終支配了創新行為。對一個企業來說，死亡是因為喪失了創新的能力，他們被自己固有的觀念束縛住，再也無法解決問題，最終導致企業的滅亡。

企業的創新首要表現在觀念的創新上，而企業觀念創新則主要體現在組織制度上，它首先要求管理者在觀念和理論上超越過去，並透過組織結構和體制的創新，帶領整個企業採用新技術、新方法，最終透過計畫、決策、指揮、協調等管理職能活動，為社會提供新產品和服務。

麥可‧哈默

企業再造之父，美國著名的管理學家。1990年，哈默在《哈佛商業評論》上發表了一篇名為《再造：不是自動化，而是重新開始》的文章，率先提出企業再造的思想。1993年，他和詹姆斯‧錢皮合著的《再造企業：經營革命宣言》一書出版，該書明確提出了再造理論概念，在全球掀起一股再造旋風。以後，他們又陸續出版了《再造革命》、《管理再造》、《超越再造》等著作，豐富和發展了企業再造理論。

三座廟裡的三個和尚
──管理創新

企業的興衰成敗、實力強弱已不僅取決於它擁有的物質和資本，而首先在於知識的擁有和創新能力，取決於是否善於進行知識管理和積極推動管理創新。

有一個古老的故事。在很久很久以前，山上有一座寺廟，廟裡住著一個小和尚。廟裡沒有水，小和尚每天都要下山走很遠到河邊去挑水，但他每天都開開心心的獨自下山去挑水喝。後來，廟裡又來了一個和尚，大家都不願意獨自去挑水，於是他們就兩個人一起去抬水。這樣相安無事過了一段時間，又有一個和尚來到廟裡。以前一個人可以挑水，兩個人可以抬水，現在三個人該怎麼辦呢？他們一直爭論不休，誰也不肯去挑水，這樣吵來吵去的，再也沒有人去挑水了。

故事到了今天，卻有了新的結果。

有三座廟，三座廟都蓋在遠離河邊的山上，廟裡沒有水，該怎麼解決喝水問題呢？

第一座廟離山下的河最遠，和尚挑水路最長，一天挑了一缸就累了，和尚們都受不了了，於是他們三個一起商量：「我們來個接力賽吧！每人挑一段路，這樣就不辛苦了。」於是第一個和尚從河邊挑到半路停下來休息，第二個和尚就接過他的水桶繼續挑，半路上再轉給第三個和尚，挑到缸裡灌進去，空桶回來再接著挑，大家都不會覺得累，水也很快就挑滿了。

在第二座廟，老和尚把三個徒弟都叫來，宣佈說：「我們立下了新的廟規，要

引進競爭機制。你們三個都去挑水，誰挑得多，晚上吃飯加一道菜；誰挑得少，吃白飯，沒菜。」於是三個和尚都拼命去挑水，一會兒水就挑滿了。

第三座廟裡，三個小和尚聚在一起商量說：「天天挑水太累了，我們想想辦法。山上有竹子，把竹子砍下來連在一起，竹子中心是空的，然後買一個轆轤。」第一個和尚把一桶水搖上去，第二個和尚專管倒水，第三個和尚在地上休息。三個人輪流換班，一會兒水就灌滿了。

第一座廟的辦法是「機制創新」，第二座廟是「管理創新」，第三座廟是「技術創新」。三個廟裡的和尚們運用了不同的方法改變思路，達到了同樣的目的。

管理創新指的是，在建立完善紮實的管理基礎工作、加強實物資源和有形資產管理的同時，不斷採用適應市場需求的新的管理方式和管理方法，堅持以人為本，重點加強知識資產管理、機遇管理和企業戰略管理，有效運用企業資源，把管理創新與技術創新、制度創新有機結合起來，形成完善的動力機制、激勵機制和制約機制。

管理創新要從自己企業的特點出發，發揮團結合作的精神，提升企業創新的動力和活力，才能適應千變萬化的市場形勢，打下堅實的基礎，並逐步擴大自身的市場佔有率。

諾爾·迪奇特
世界知名的領導力變革專家，「有效教學循環」理念的實踐者。諾爾·迪奇持有兩個基本理念：第一，任何一個公共機構或企業組織所取得的成功，都是因為在組織的每個層面上有盡可能多的領袖人物；第二，培養下一代接班人是現任領導者義不容辭的責任。

「福特製」
——企業的生命在於創新

當代企業只有不斷創新，才能在競爭中處於主動，立於不敗之地。

　　在20世紀初，汽車還是一種奢侈品，只有有錢人才買得起。可是當時的企業家亨利‧福特卻一直有一個心願，要製造出技術好、價錢合理、組裝製造容易、方便使用的車。漸漸的，汽車的製造工藝已經越來越先進了，可是生產線的問題卻一直沒能解決。

　　1913年的一天，福特在路上散步，思考著改進生產線的方法。之前的汽車製造一直是一個工人生產一輛車，全程負責車的生產，這樣效率一直不高。這時，他正好路過一個屠宰場，看到牛送進來以後先用電電擊，然後放血，將牛吊起來，然後用電鋸開膛剖腹，最後分割，這個過程是分別由不同的人來完成的。福特突然受到了啓發，為什麼汽車製造不可以採用這樣的方法呢？

　　從此，福特設計了汽車裝配生產線，使得汽車得以快速大量生產，大大降低了汽車成本，促使汽車得以普及起來。而隨著生產線的產生，福特醞釀了整整十年的創新思維終於得以成形，這就是管理史上著名的「福特製」。福特製亦即大規模生產方式，它把科學管理原理應用於生產，在生產標準化的基礎上，利用高速傳送裝置，使生產過程生產線化，使生產線上各道工序的工人的各種作業在時間上協調起來，並由傳送裝置的速度決定工人每天所完成的作業和產品數量，最大限度地提高工人的勞動強度。這種生產管理制度把生產線上的各種操作簡單化、程序化，因而

能夠大量使用工資低廉的非熟練工人，進而有利於組織生產作業的機械化和自動化，進一步提高勞動生產率，降低生產成本。

「福特製」開創了一個新的工業生產技術時代，從此，福特成為一度佔有68％世界汽車市場的「汽車大王」。然而，福特開始陶醉於他的巨大成就的同時，卻也在大腦中埋下了「思維定勢」的種子。他甚至宣佈，福特公司從此只生產黑色的T型車。

隨著汽車市場的逐漸成熟，美國汽車市場的飽和。購車人開始不再限制對汽車的實用性要求，轉而對汽車的檔次、性能、外觀有了更高的要求。此時，美國的另一著名企業家、通用汽車公司總裁斯隆看到福特產品單一、款式陳舊的致命弱點，並有針對性的設計製造出了不同價格檔次的汽車，並且首創了「分期付款、舊車折舊、年年換代、密封車身」的汽車生產四原則，一舉擊敗福特，登上了世界第一汽車製造企業的寶座。

　　企業的生命在於創新，唯有不斷創新，才能在殘酷的市場競爭中爭取主動，拔得頭籌，立於不敗之地。從長遠的眼光來看，所有能夠在不斷變化的市場競爭中存活下來的企業，都是能夠不斷創新的企業。

　　創新是企業的生命，市場不斷在變化，企業也必須跟著變化，決定企業生命週期長短的，正是一個企業在機制、管理、經營方面是否能夠不斷創新，跟得上市場的千變萬化。只有它才能讓企業的根基更紮實，也只有它才能為企業提供新的發展道路，讓企業在飽和的市場中尋找到新的發展潛力。

湯姆・彼得斯
全球最著名的管理學大師之一，商界教皇，管理領袖中的領袖，後現代企業之父。湯姆・彼得斯的主要代表作.《追求卓越》被稱為「美國工商管理聖經」，之後湯姆・彼得斯又相繼推出《亂中求勝》、《解放管理》、《管理的革命》等企業管理經典之作，在商業領域引起了巨大的迴響。

將腦袋打開一公分
——接受新事物

管理者在管理創新方面要善於聽取各方面意見，謙虛為懷，多方調節好心態，多信任下屬。

美國高露潔牙膏公司成立於1806年，是由威廉・高露潔以自己的名字登記的一家生產牙膏的公司，經過兩個世紀的發展，高露潔生產的個人護理用品已經銷售到世界200多個國家和地區，成為銷售額達94億美元的全球消費品公司。

每個公司的發展都會遇到瓶頸時期，高露潔也同樣是從瓶頸時期走過來，突破自我才能走到今天的。有幾年的時間，高露潔公司的銷售額都維持在一定水準，始終無法得到大的提升。為了提升業績，高露潔公司在世界範圍內廣徵新的創意，以期高露潔牙膏的銷售量再創新高。高露潔公司還承諾，只要新的創意一經採用，提出新創意的人就會獲得100萬美金的獎金。徵集創意的廣告一發佈，高露潔公司立即收到了數不清的推廣高露潔牙膏的新創意，但是這些創意毫無新意，不外乎是請明星代言、請俊男美女做活廣告、送贈品等等，都是一些別的公司用過的推廣活動。

面對著遲遲不能上升的銷售額，高露潔公司的董事們召開了全國經理及高層會議，商討提高銷售量的對策。

會議中，就在公司的董事們一籌莫展時，有位年輕人站起來說他有一個創意可以使高露潔牙膏的銷售量增長，但是他有個要求，那就是只要他的創意能夠被採用，那麼公司必須在獎金之外再付給他5萬美元。

他的提議引起了公司董事們的憤怒，高露潔公司的總裁說：「我每個月都支付你薪水，並且每個月都有獎金。現在我們開會討論如何提高銷售量，應該是你分內的工作，而你還要求另外加付5萬元。是不是太過分了？」

聽了總裁的這番話，年輕人並不生氣，而是和氣的說：「總裁先生，請別誤會。我沒有要求公司必須另外付給我5萬美金，在您看過我的建議之後，如果不被採用，您可以隨意處置。」

總裁覺得這個年輕人說得有道理，不妨看看他的建議。於是他讓這個年輕人把他的創意寫下來，誰知年輕人在紙上只寫了一句話就把它交給了總裁。總裁在看過之後，馬上簽了一張5萬美元的支票給了那個年輕人。

紙上只寫了一句話：將現有的牙膏開口擴大一公分。

多麼簡單的創意，這個年輕人的想法可謂出奇制勝、別出心裁。把牙膏的口徑擴大一公分，看來是微不足道的，但是我們可以試想一下，當每個人為了趕著上

班、上學，匆匆從床上跳起來，眼神朦朧的站在鏡子前刷牙的時候，誰會去看自己擠出了多少牙膏了？每天早上，每個消費者多用1公分的牙膏，每天牙膏的消費量將多出多少倍呢？

董事會後，高露潔公司的總裁決定改裝生產線，將牙膏的開口擴大一公分，第二年，高露潔牙膏的銷售量果然大幅度增加。

在此路不通的時候，不妨換一條路走走，換一個思路，也許會有意想不到的收穫。就如同那一公分的牙膏開口，將你的腦袋打開一公分，多接受一些新的想法和創意，就可以改變很多東西。

身為一個管理者，一定要懷抱著海納百川的態度，多聽取來自各方面的意見和建議，調節好心態，給予員工足夠的權利，信任下屬的能力，經常性的與下屬溝通，用博大的胸懷去接受下屬的建議，在彼此的思想碰撞中，就可以產生新的觀點，發現新的世界。

史蒂芬‧柯維

美國《時代》週刊「25位最有影響力的美國人之一」，人類潛能導師。科維在領導管理理論、家庭與人際關係、個人管理等領域可謂久負盛名。科維傳授的內容不是某種流行時尚或管理技巧，而是經過時間考驗並且能夠指導行為的基本原則。透過思維的改變達到行為的改變，進而加強組織內部的管理機制、培養組織內部的共同語言和價值觀。

昆蟲實驗——換一種思維方式

轉變思維方式，換一個角度試一試，你就會有新的認識、新的發現。

　　法國著名科學家法伯發現了一種很有趣的蟲子，牠們有一種很奇特的習性，這種蟲子外出覓食或者玩耍，會由一隻蟲子帶頭，其他的蟲子都跟在後面，從來不會有蟲子轉彎走其他的路。法伯覺得很有趣，便根據這種蟲子的特殊習性，做了一個有趣的實驗。

　　法伯首先花了很長時間捉了許多隻這種蟲子，然後把牠們一隻隻首尾相連放在一個花盆周圍，讓帶頭的蟲子繞花盆爬行，並且在花盆不遠的地方放了一些這種蟲子愛吃的食物。法伯想看看會不會有蟲子離開同類去尋找食物，於是他隔段時間便去觀察一下。一個小時後，法伯去看了一下，那些蟲子都在圍繞著花盆轉圈，沒有一隻改變方向去尋找花盆附近的食物的。一天過去了，法伯又去觀察了一下，發現那些蟲子還在一隻緊跟一隻的圍繞著花盆轉圈。又過了幾天，法伯又去看了一下那些頑固的蟲子，發現牠們已經都死了，並且仍然是一隻接一隻的整齊排列著，花盆附近的食物絲毫未動。

　　於是法伯在他的實驗報告中寫道：這些蟲子死不足惜，如果牠們之中的一隻能夠變換一下行走路線，換一種方式，就能找到自己喜歡吃的食物，也就不會餓死在食物旁邊。可以說是慣性思維害死了這些蟲子，對蟲子來說換一種思維方式便會獲得生存的機會，有時候對人類來說，也需要經常換一種思維方式來思考問題。

　　一家知名企業要招募一名業務經理，面對極高的薪資和極好的福利待遇，有幾百名求職者前來應徵，百裡挑一，競爭非常激烈。經過層層篩選，最後留下了10名

求職者。他們即將面臨總裁的親自面試，在面試之前，主考官對這10名求職者說：「一個星期後，我們總裁會親自面試各位，希望各位回去各盡所能，充分準備，也希望我們會發現一位出色的經理人。」

在這一個星期的時間裡，這10名求職者都拿出自己的最高水準，積極準備，有的在外表上下工夫，希望給總裁留下一個美好的第一印象；有的在面試上下工夫，希望在總裁面試時能對答如流，順利通過面試等等。但是有一個求職者卻反其道而行之，他利用這段時間調查了這個企業的產品市場情況及別家企業同類產品的市場情況，並且總結出了一份詳細的市場調查報告。結果可想而知，這位求職者順利通過了最後的一關面試，獲得了這個人人稱羨的職位。

這位求職者的成功不是偶然的，是他想別人想不到的、做別人沒有做的，打破了傳統的求職者的思維方式，獲得了最後的成功。

當你還沿襲著舊有的思維方式在工作，卻總是一事無成的時候，那麼你的思維方式需要改進了。如果這樣做沒有成效，那麼就換一種做法吧！墨守成規的人只能侷限在他小小的領地，最終換來失敗的命運，聰明的人會換一種想法、換一個思路，就能夠尋找到更大的空間。

企業永遠都是一個需要不斷發展的集體，它需要新的生命力的注入，才能維持永遠的活力，如果這條路你走到了盡頭，那就趕緊換一個思維方式，用創新思維開創新的空間。

史蒂芬・羅賓斯
世界上管理學與組織行為學領域最暢銷教材的作者，美國著名的管理學教授，組織行為學的權威。羅賓斯博士興趣廣泛，尤其在組織衝突、權力和政治，以及開發有效的人際關係技能等方面成就突出。他的研究興趣集中在組織中的衝突、權威、政治以及有效人際關係技能的開發方面。

錢幣上的蒼蠅
──創新需要方法

企業管理創新是實現技術創新成果的必要環節，也是提高其競爭力的必要條件。

見過澳大利亞50元面值紙幣的人肯定會發現，紙幣上的圖案中有一隻蒼蠅的形象。蒼蠅是人們都不喜歡的昆蟲，牠是細菌的代名詞，牠們每天都附著於垃圾、腐敗的東西上面，不僅自己滿身細菌，還把病毒傳染給人畜。這些討厭的蒼蠅有著旺盛的繁殖力，是人們很傷腦筋的一種昆蟲。

這樣一種討人厭的昆蟲為什麼會成為一個國家的錢幣圖案呢，澳大利亞為什麼要這樣做呢？

原來，澳大利亞的蒼蠅很獨特，牠們的飲食習慣竟然和蜜蜂一樣，採食花蜜、吃植物的漿汁，澳大利亞的蒼蠅還可以像蜜蜂一樣，承擔起為農作物和樹木傳授花粉的職責。

世界上這麼多蒼蠅，為什麼唯獨澳大利亞的蒼蠅會有和蜜蜂一樣的生活習性呢？其實很早以前，在澳大利亞的蒼蠅和世界上其他地區的蒼蠅一樣，也生活在垃圾堆積、臭不可聞的地方，也同樣傳播病毒和攜帶細菌。於是，為了徹底消滅蒼蠅，勤勞的澳大利亞人民就把蒼蠅賴以生存的藏污納垢之地統統清理乾淨，讓整個澳大利亞從城市到鄉村、從山谷到河畔，全是燦爛多彩的鮮花和肥美的綠草地，使得蒼蠅沒有落腳之地。

世代生活在骯髒環境中的蒼蠅，驟然失去了牠們的家園，牠們突然找不到一塊

垃圾堆放的地方。如何在澳大利亞這塊土地上生存下去成為蒼蠅的最大問題，但是蒼蠅有著頑強的適應能力，經過了一段時間之後，蒼蠅漸漸改變了飲食習慣。牠們經過一代代的嘗試，終於在澳大利亞找到一種新的食物，那就是植物的漿汁。經過一代一代的適應，生活在澳大利亞的蒼蠅，逐漸拋棄了吃腐臭食物的習慣，牠們的飲食習慣漸漸地竟然與蜜蜂一樣，每天在花叢中採蜜，為各種植物傳授花粉。

同時，澳大利亞畜牧業發達，牛羊遍地，但是澳大利亞的勞動力十分短缺，一大群牛羊的糞便沒人清理。於是澳大利亞的科學家們還研究出一種不攜帶細菌的蒼蠅，用牠們來消化草原上牛羊的糞便。這樣不僅解決了糞便的清理問題，又沒有使細菌傳播出去。

所以，在澳大利亞，蒼蠅是人們的朋友，人們不僅不會去拍打牠們，反而將牠們印在紙幣上，感謝牠們為美好環境做出的貢獻。

澳大利亞的蒼蠅隨著環境的變化改變自身的機能，是一種適應環境的生存方式，也可以認為是蒼蠅對自身的改造、創新。蒼蠅的改變是對生態環境改變的適應，企業也應該學會「適者生存」的法則。

彼得‧德魯克說，企業之間的生存發展如同自然界中各種生物物種之間的生存與發展一樣，它們均是一種「生態關係」。企業在世界市場上的生存和發展，就如同蒼蠅的生存，必須有著對環境的敏感性和快速反應。當市場經營環境發生劇烈變化時，企業就必須迅速做出相應的應對措施，才能保證自身在市場競爭中的優勢。而且，在日益激烈的競爭環境中，一個企業要學會超越傳統競爭模式，以合作替代競爭，透過一定程度的合作和資源分享來尋求競爭優勢，達到「雙贏」的目的。

倫西斯‧利克特（1903年～1981年）
支持關係理論的創始人。他出版了兩本主要著作：《新型的管理》和《人類組織》，他的管理理論在日本極受歡迎，影響波及近代日本各地組織。此外，他還於1976年與其妻子簡合著了《對付衝突的新方法》一書。這些著作闡述了他對參與管理問題的理論觀點，完善了他還在保險公司工作就得出的結論。

四根補鞋釘——創新要求穩

正確處理好企業的創新力與控制力的關係，是企業持續成長的關鍵因素之一。

很久以前，在蘇格蘭的一個小鎮上有一位年老的鞋匠，他已經老到不能再給別人補鞋了，於是他決定把自己的全部手藝傳給三個徒弟。在老鞋匠的悉心教導下，三個徒弟進步很快。當把全部手藝悉數交給這三個徒弟之後，老鞋匠囑咐他們：「千萬記住，補鞋底只能用四根釘子。」三個徒弟不明白爲什麼師父要強調這個非常普通的道理，便都似懂非懂的點點頭。之後，三個人便開始了自己的獨立生涯。

經過了幾個月的艱苦跋涉，這三個人來到了一座大城市開始了各自的生活。既然他們都有補鞋的手藝，便都開始靠補鞋過活，於是，這座城市便出現了三個年輕的鞋匠。

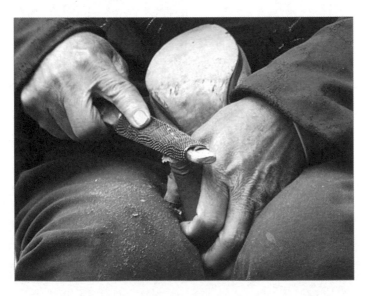

剛開始他們三個都相安無事的做著自己的生意。但是過了一段時間之後，這三個人就朝著各自不同的方向發展了。

第一個徒弟兢兢業業地做自己的生意，完全按照老鞋匠教他的來幫別人補鞋，但是一直

有一個問題縈繞在第一個徒弟的心裡，因為在補了一段時間的鞋之後，他發現師父所說的補鞋底用四根釘子並不能完全修復鞋子，但是他又不敢違抗師命，於是四根釘子的問題一直困擾著他，他整天苦思冥想，但是始終沒有想出解決問題的辦法。最後，他無法擺脫四根釘子的困擾，便不再給別人修鞋，回家種田去了。

另外兩個徒弟還留在這個城市繼續給別人修鞋。

第二個徒弟在補了一段時間的鞋之後，也發現了師父囑咐的補鞋時用四根釘子的要求並不能完全補好鞋子，可是他發現，補鞋的人總要來修第二次，這樣一來修鞋的人就要付出雙倍的錢。第二個徒弟為此很高興，他自認為懂得了老鞋匠最後一句話的真諦。

第三個徒弟同樣發現了這個問題，他沒有像第一個徒弟那樣苦思無果就放棄了，也沒有像第二個徒弟一樣投機取巧。第三個徒弟在補鞋一段時間後發現，其實多加一根釘子就可以把鞋補好，而不需要讓顧客再次修鞋。「但是師父為什麼囑咐我們只能用四根釘子呢？」第三個徒弟矛盾了，是遵守師父的囑咐，還是照顧顧客的利益？想了好久，他終於決定在補鞋時加上一根釘子，他認為這樣能節省顧客的時間和金錢，更重要的是他自己也會安心。

好幾個月過去了，這座城市的人發現了第二個徒弟和第三個徒弟修鞋的不同之處，他們情願繞遠路去第三個徒弟的修鞋店修鞋，而第二個徒弟的修鞋店便逐漸冷清下來，最後終於支撐不下去，關門了。

這個城市的人們依然過著自己的生活，第三個徒弟也依然和以前一樣用五根鞋釘為顧客修鞋，幾十年如一日的兢兢業業地做著自己的生意。在他要退休的時候終於明白了當時師父囑咐的話的真正含意：要創新，而且不能有貪念，否則必會被社會所淘汰。

於是在他退休的時候，有幾個年輕人來學這門手藝，當他們學會了補鞋時，第三個鞋匠也同樣向他們囑咐了那句話：「千萬記住，補鞋底只能用四根釘子。」

凡是成功者，往往都是「有心人」，但「有心人」卻不一定能夠成功。第二個徒弟是「有心人」，他能夠看到師父沒有教到的東西，卻走上了歧路，選錯了方向。就好像一個企業，創新是必要的生存之道，但如果盲目創新，忽視創新風險的有效辨識和控制力的提升的話，只會加速自身的滅亡。

創新是一個企業保持生命力的根本泉源，是一個企業尋求發展的動力，但從某種意義上來說，創新就代表著更大的未知，所有的創新都是有風險的，盲目的創新必然會加大經營風險，如果不能有效控制，就必然會影響企業的根基。要讓創新成為企業成長的營養劑而不是奪命丸，就必須要輔以有效的控制力。企業必須根據市場經濟運行規律，對企業的戰略規劃和營運進行自覺的調整，對企業自身行為進行自覺的約束，使其經營活動不超過自身的能力範圍，才能夠規避風險，推動創新。

盧瑟·古利克
曾任美國哥倫比亞大學公共管理研究所所長，並曾經參加過羅斯福政府的行政管理委員會。1937年，由古利克和厄威克合編的《管理科學論文集》出版，其中包含了一系列反映當時管理學方面不同意見的論文。文中，古利克將法約爾有關管理過程的論點加以延伸，提出了有名的管理七職能論。

想像力是財富的種子
──創新策略

管理者面對紛繁複雜的社會環境，要學會面對不同環境，權宜通達，靈活處理，善於應變，勇於開拓，勇於創新。

知道假日旅館嗎？它是由美國巨富威爾遜初創的。這位世界旅館大王在創業初期的全部資產只有一台爆米花機，而這台爆米花機的價值只有50美元，就是這樣，世界旅館大王威爾遜在當時也只能分期付款才能買得起。

這種情況一直持續到第二次世界大戰結束，其間，威爾遜做生意賺了些錢，但他一直在思考，怎樣才能更好的利用這些錢來賺更多的錢？於是威爾遜決定從事地皮生意。他的這一想法遭到了很多人的反對，因為在當時做這一行的人不是太多，另一方面，長期的戰爭過後，人們的生活還沒有恢復過來，很多人都還很窮，買地皮蓋房子、商店和建廠房的人也很少，導致地皮的價格一直很低。可是威爾遜相信自己的眼光，他認為戰爭對美國造成的創傷只是暫時的，美國的經濟會在幾年內迅速發展，當經濟開始飛速發展之後，地皮的價格自然會上漲的，因此做地皮生意根本就不用擔心賠錢的問題。

決定做地皮生意之後，威爾遜便開始留意有發展前景的地皮，有一次，他在市郊看到一大塊荒地，在其他人看來，這塊地長滿了荒草，一片荒涼，這裡不僅地勢低窪，而且不適宜耕種，也不能蓋房子，可以說是毫無利用價值。但是威爾遜在實地考察了兩次之後，便決定把這塊地皮買下來。他的這一決定再次遭到了親朋好友的反對，連平時不關心生意的威爾遜的母親和妻子，這次也明確表示反對，但是威爾遜堅持認為自己的眼光是正確的，美國的經濟會很快復甦，到那時，這塊地會變成一塊寶地。最終，威爾遜還是力排眾議，買下了這塊地。

時間過得很快，3年過去了，威爾遜所在的城市人口迅速增加，原有的市區已經住不下這麼多人了，市區的擴建勢在必行。這時，有一條馬路修到了威爾遜買的那塊地，直到這時，人們才突然發現，這塊地的環境十分優美：寬闊的密西西比河從這塊地的旁邊蜿蜒流過，河兩岸綠樹成蔭，是人們消熱避暑的好地方。很多開發商都看中了這塊3年前的不毛之地，都願意出高價，希望能買到這一寶地。但是無論有人出多高的價格，威爾遜也不賣出這塊地。

他的這一古怪行為又一次讓朋友們摸不著頭緒，不過很快他們就清楚了威爾遜的想法。不久之後，威爾遜自己在這地皮上蓋起了一間汽車旅館，命名為「假日旅館」。這間假日旅館由於地理位置好，舒適方便，開業後，遊客盈門，生意非常興隆。之後，威爾遜依靠累積起來的資金和經驗，在美國的其他城市和地區建起了一間間假日旅館，這些旅館到處都受到了遊客們的歡迎。

威爾遜的成功並不是靠運氣或者其他的東西得來的，主要是因為他能夠遇事處處留心，比別人看得更遠，有預測市場前景的眼光。

威爾遜是一個成功的管理者，他具有遠見和膽識，善於觀察和分析市場發展的

情況，他能夠抓住恰當的時機，果斷的採取決策，進而在競爭中獲勝。

　　一個好的管理者，要有高度的責任心、良好的合作精神和溝通意識、卓越的組織和領導才能、果斷的決策能力，還有一點不可或缺的是，要有開拓創新的精神。管理者要能夠腳踏實地，從實際出發去看問題，又要高瞻遠矚，能夠對未來進行準確的預測和把握，進而引導企業的創新發展。

　　企業創新是企業管理思想、管理理念、管理方式的全面創新，利用當今社會的資訊化特點，多多接觸新事物、新環境、新觀念，勇於改變舊有的觀念和辦法，靈活處理、權宜變通，開創企業的新局面。

約瑟夫・朱蘭

與愛德華茲・戴明、菲力浦・克羅斯比等人都被稱為品質管制運動的先驅。朱蘭一直致力於品質體系的計畫和實施。朱蘭認為，品質是對「一個公司要實現其品質目標所需進行的活動的確定和實施過程」。他提出了兩個原則：第一，經理人必須認識到，「不是工人，而是他們自己應擔負起公司表現的大部分責任」；第二，他們要明白，一旦品質成為首要任務後能夠帶來的經濟效益。他就這樣首次將品質列入了管理範疇。

拉鏈的發明
——擺脫習慣思維

從其他領域借鏡或受啓發是創新發明的一個快捷方式。

現在的衣服通常都用拉鏈，穿脫很方便，但是拉鏈的出現也只有一個多世紀的時間，而且拉鏈的發明是在很多人的共同努力下，經過了漫長的時間才最終實現的。它是怎麼產生的呢？

19世紀，在歐洲中部的一些地方，由於鈕釦有時難以解開，人們便想利用帶、鉤和環的辦法來取代鈕釦和蝴蝶結。這就開始了拉鏈的發明之旅。

拉鏈的雛形，最早出現於人們穿的長統靴上面，19世紀中期的時候流行穿長統靴，這種長統靴適用於雨後或雪後泥濘或佈滿有馬匹排泄物的道路，但是長統靴的缺點是它上面鐵鉤式的鈕釦有20多個，這樣，對於穿長統靴的人來說，穿脫起來非常麻煩、費時，甚至有的人爲了省去麻煩而整天不脫長統靴。這個問題讓長統靴的生產廠商很傷腦筋，同時也讓發明家們絞盡腦汁也沒有想出有效的解決辦法。

1851年，美國有一位叫愛麗斯・豪的人申請了一個類似拉鏈的專利，但這個專利不知什麼原因並沒有商品化。直到1893年，美國工程師賈德森因研製出一個「滑動式鎖緊裝置」而獲得專利，這就是拉鏈的雛形。這項裝置的出現，使得在高統靴上使用的扣鈕釦鉤得以改進。但這一發明並沒有很快流行起來，主要原因是這種早期的鎖緊裝置品質不好，容易在不恰當的時間和地點鬆開，使人難堪。

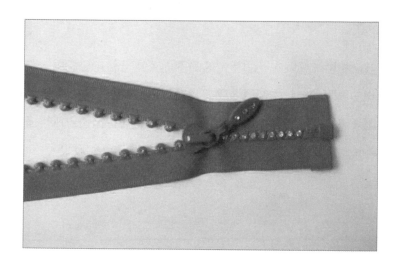

　　1913年，瑞典人桑巴克改進了賈德森的拉鏈雛形裝置。他採用的辦法是把金屬鎖齒附在一個靈活的軸上，它的工作原理是：每一個齒都是一個小型的鉤，能與挨著而相對的另一條帶子上的一個小齒下面的孔眼匹配。這種拉鏈很牢固，只有滑動器滑動使齒張開時才能拉開，並使這種裝置變成了一種實用的商品。

　　桑巴克改進後的拉鏈最開始用在軍裝上，第一次世界大戰中，美國軍隊首次訂購了大批的拉鏈給士兵做服裝。但拉鏈在民間的推廣則比較晚，直到1930年才被婦女們接受，用來代替服裝的鈕釦。

　　在拉鏈被普遍使用之後，它還沒有一個正式的名稱。拉鏈一詞是在1926年出現的，那是一次推廣拉鏈樣品的工商界午餐會上，有一位小說家具體說明了拉鏈的特點：「一拉，它就開了！再一拉，它就關了！」拉鏈這個詞由此而來。

　　拉鏈的發明經歷了漫長的歷史，是很多人智慧的結晶，但它的出現其實來自於人類的靈機一動，而它的廣泛採用正是因為瑞典人桑巴克的逆向思維，是人擺脫了

習慣思維後的創造。

如果將自己的思維侷限在一個特定的範圍內，自己給自己設限，那就會被慣性所控制，而無法再開創出新的領域。管理者在思考的時候，如果能夠跳脫本專業、本行業的範圍，將思維擴展到更大的領域，擺脫慣有的習慣性思維，多從其他方面看看，或者將其他領域的方法和原理加以利用，也許會有新的發現。

賈斯特‧巴納德（1886年～1961年）
系統組織理論創始人，現代管理理論之父。巴納德在漫長的工作實踐中，不僅累積了豐富的經營管理經驗，而且還廣泛地學習了社會科學的各個分支。1938年，巴納德出版了著名的《經理人員的職能》一書，此書被譽為美國現代管理科學的經典之作。由於巴納德在組織理論方面的傑出貢獻，他被授予了七個榮譽博士學位。

你猜我口袋裡有多少錢
——打破思維定勢

在變幻莫測、充滿競爭的市場經濟中，企業家的思維定勢帶來的經營後果，有時卻是異常慘重的。

這是一家企業的招募現場，經過層層的篩選和考核，只有三個應徵者通過了初選，進入了最後的複試，不過，在他們三個人之中，只有一個人能夠留下來。三個人在最後的面試前都做了大量的準備，對這家公司的情況進行了詳細的瞭解，希望能夠在面試中突圍而出，獲得任用。

第一個應徵者被叫進了房間，對面坐著的是公司的主管，當他坐下來後，主管直接對他說：「這次面試只有一個題目，如果你能知道我口袋裡有多少錢，我們就考慮錄用你。當然，我會給你問三個問題的機會，讓你得到一些相關的資訊，來猜測我口袋裡到底有多少錢？」接著主管還和他的助手做了一下示範，讓助手問了他三個問題。助手問道：「你的口袋裡有錢嗎？」「有的。」「你的口袋裡的錢全是一百元鈔嗎？」「不是。」「全是零錢嗎？」「不是。」

示範完畢，第一個應徵者開始提問，他想了一下，問道：「你口袋裡的錢有幾種面值？」「最大的面值是多少？」「最小的面值是多少？」主管一一回答了他，

他開始猜錢數，但始終沒有猜對。

　　第二個應徵者接著被請進了辦公室，他也問了主管三個問題：「口袋裡全是台幣嗎？」「在500元以下還是以上？」「整鈔還是零錢？」主管仍然一一回答了他的問題，但他同樣也沒能猜對。

　　輪到第三個應徵者，當主管和助手示範完之後，他想了想，笑著對主管說：「請問，您的口袋裡有多少錢？」主管立刻笑了，回答他說：「你被錄用了。」

　　思維創新是指適應市場、開拓市場和引導市場的應變性思維，它是一種打破常規的、具有創見意義的新思維。創新思維要求人具有推陳出新的能力，勇於打破思維定勢和舊有的心理狀態，從新的角度去考慮問題、開發市場。

　　很多的企業往往只懂得跟風，別人做什麼，它就做什麼，這樣始終被別人牽著鼻子走。如果能夠放棄過去的觀點，自行對市場進行分析和研究，打破思維定勢，挖掘別人忽略的市場空間，引導其新的變革和創新，那一定會創造出新的一片天。

　　在市場不斷變化，消費者的需求不斷增加的今天，企業經營者必須要跟上甚至超過消費者的需求，前瞻性的對企業發展方向做出決策，這樣，無論多成熟的市場都必須隨之發生變化，而這就要求企業經營者不斷的在創新上下功夫，開發新的市場、新的產品。

歐尼斯特‧戴爾
經驗主義學派的代表人物之一，美國著名的管理學家。經驗主義學派以向大企業的經理提供管理企業的成功經驗和科學方法為目標。經驗主義學派認為，古典管理理論和行為科學理論都不能充分適應企業發展的實際需要。有關企業管理的科學應從企業管理的實際出發，以大企業的管理經驗為主要研究對象，以便在一定的情況下，把這些經驗傳授給企業管理者。

彩色電扇──突破慣性思維

擺脫了定勢思維，你的思維就能閃爍出創造性的火花。

1952年，東芝電氣公司生產了大批的黑色電扇。但是，這批黑色電扇的銷售量平平，不如人意，東芝電氣公司於是讓下屬的7000多名員工同心協力，想出一個能增加銷售量的有效辦法，結果費盡心機也沒有提高銷售量，公司因此而陷入了危機之中，得儘快想一個提高銷售量的方法。

這時，東芝電氣公司的一個普通員工給董事長石阪提出了一個建議，那就是改變電扇的外觀顏色。改變電扇的外觀顏色？這在現在聽來很奇怪，為什麼不是提高電扇本身的性能呢？原來，當時的電扇一律都是黑色的，根本沒有其他顏色。

世界上最早的商品化電風扇是由美國紐約的克羅卡日卡其斯發動機廠的主任技師休伊·斯卡茨·霍伊拉於1882年發明的。當時他發明的電扇就是黑色的台式電扇。在他發明出商品化電扇的第二年，他所在的工廠就開始大量生產這種電扇。隨著生產技術的成熟，1908年，美國埃克發動機及電氣公司研製出了世界上最早的齒輪驅動左右旋轉的電風扇，這種新研製出來的電扇改進了以往電扇360度旋轉送風的弊端，進而使左右旋轉的電扇成為銷售的主流。可是電扇的工藝一直在進步，卻從來沒有人想過更換電扇的顏色。

這個方法是否可行呢？東芝電氣公司的董事長石阪決定採納這位員工的建議，改變電扇的顏色。儘管董事會的人都認為這個建議很荒唐，但是石阪仍然決定大膽一試，便把這批電扇換成了淺藍色。

第二年夏天，東芝公司把這批淺藍色的電扇推出市場。一經推出，這特別的電

扇就受到了顧客的歡迎，原來大家早已經審美疲勞，對一成不變的黑色電扇厭倦不已，淺藍色電扇的出現，正迎合了顧客的心理。結果這批電扇上市沒多久，便銷售一空。

從此以後，東芝公司推出了各種顏色的電扇，市場上銷售的電扇改變了以往的黑面孔，變得多姿多彩起來。

只是簡單地改變了一下電扇的顏色，囤積的電扇也變成了搶手貨，可見，好產品並不一定需要優秀的科技頭腦，也不需要豐富的商業經驗，只要你改變一下傳統的思維方式，你就會獲得成功。只要記住，電扇不一定都是黑色的。

所謂慣性思維，就是多年形成的知識、經驗、習慣，固化為認知模式，對以後的分析、判斷產生主導性的影響，使思維方法總是擺脫不了已有模式。當黑色電扇成為一種習慣之後，人們就很難突破這一看法，而這個小職員卻突破了這一瓶頸，成功的跳脫慣性思維，創造出新的市場。

當一個企業發展到一定階段，形成了完善的管理制度和發展經驗之後，這個組織的每個人都會根深蒂固的認定企業文化的正確性，這種態度非常的頑固，以致於不能再接受其他的思考方式。到了這個時候，管理者一定要跳脫自己慣有的思考模式，重新對整個企業的發展進行反思，從更大的範圍內來思考，當擺脫了舊有的框架之後，思維才會閃爍出新的創造性火花。

華倫・本尼斯
領導藝術的指導者，組織發展理論的創始人，麻省理工學院博士。1993年及1996年兩度被《華爾街日報》譽為「管理學十大發言人」，被《福布斯》雜誌稱為「領導學大師們的院長」，《金融時報》最近則讚譽他是「使領導學成為一門學科，為領導學建立學術規則的大師」。

鉛筆的用途
——培養發散性思維

發散思維是指思維的多向性，從更多的角度、更多的方面去發現和解決問題，體現思維的靈活性。

　　說到鉛筆的用途，大家很自然的會想到寫字，但是你知道鉛筆還有其他的功能嗎？這就要由美國的聖‧貝納特學院畢業的學生來告訴你了。這是怎麼回事呢？事情要從一位叫普洛羅夫的捷克籍法學博士的畢業論文說起。

　　1983年，普洛羅夫在做自己的畢業論文時發現了一個奇特的現象：在之前的50年裡，從位於紐約里士滿區的窮人學校聖‧貝納特學院畢業出來的學生，在紐約警察局的犯罪紀錄是最低的。這是為什麼呢？這所學校有什麼獨特的地方嗎？於是他想對這個問題進行深入的調查，同時，他也想利用調查的機會拖延在美國停留的時間，以便在美國找到一份律師工作。

　　於是他便開始深入調查這個奇特的問題，並經過努力向紐約市市長申請到一筆基金，做為調查費用。

　　普洛羅夫首先透過各種方法找到在聖‧貝納特學院念書和工作過的人的地址或郵政信箱，然後給他們每個人寄了一份調查表，其中有一個問題是：「聖‧貝納特學院教會了你什麼？」

　　調查工作是非常艱難的，因為調查面很廣，所以回覆資訊有時候需要很長時間

才能收到。在調查表發出6年之後，普洛羅夫共收到了3756份回覆資訊的回函，在這些回函中，有74%的人對「聖‧貝納特學院教會了你什麼？」這個問題的答案是，他們在學校裡學到的最有用的知識就是知道了一支鉛筆有多少種用途。

這樣的答案讓普洛羅夫感到很奇怪，為了更清楚地弄清這個問題，他又進一步地走訪了很多聖‧貝納特學院畢業的學生。其中紐約市最大一家批貨商店的老闆的答案解開了這個謎團。這位老闆回憶說：「當我們入學的第一天，我們就都要寫一篇作文，這篇作文的題目是：一支鉛筆有多少種用途。當然，我們都知道鉛筆的用途，那就是寫字。可是，後來我們才知道，除了寫字，有些時候鉛筆還可以做為尺

來畫直線用；還能做為禮品送朋友表示友愛；能當商品出售獲得利潤；鉛筆的芯磨成粉後可以做潤滑粉；演出的時候可以臨時用來化妝；削下的木屑可以做成裝飾畫；一支鉛筆按照相等的比例鋸成若干份，可以做成一副象棋；可以當作玩具的輪子；在野外缺水的時候，鉛筆抽掉芯還能當作吸管喝石縫中的水；在遇到壞人時，削尖的鉛筆還能做為自衛的武器等等。一支鉛筆可以有無數種用途，這是學院的貝納特牧師教會我們這些窮人孩子最簡單又最實用的道理，他讓我們懂得身為一個普通的人，我們也可以像鉛筆一樣有多種用途，並且每一種用途都會讓你功成名就，就像我一樣，我原來只是個電車司機，雖然後來還是失去了這份工作，但是，我並不氣餒，知道自己還有其他用途，現在我是一個皮貨商，不也是很好嗎？」

之後採訪到的畢業生都給了普洛羅夫同樣的答案，他們都能說出鉛筆的至少20種用途。而這些人還有著更多的共同點，他們都有一份自己喜愛的工作，並且喜愛自己的工作，他們的生活態度都非常樂觀。

原來每個普通人都有很多用途，都可以做很多事情，並不需要在一件事情上堅持，換一個角度、換一種方法，或許可以更正確地找對自己的位置。明白了這個道理，普洛羅夫在結束了這個調查之後，並沒有繼續在美國找律師的工作，而是回到自己的國家。幾年後，他在捷克成為全國最大的一家網路公司的總裁。誰說只有律師才是適合普洛羅夫的工作呢？

一個人或一個企業，在遇到危機和困難的時候，應該堅信，自己的用途絕非一種。就像故事中的鉛筆，它其實有著許許多多你也許還不清楚的用途，你也一定能夠找到新的機遇和未來。

這就是發散思維發揮的作用。發散思維是指根據已有資訊，從不同角度、不同

方向思考，從多方面尋求多樣性答案的一種展開性思維方式。它不依常規，尋求變異，針對已有的資訊從多個方向和角度，用多種的方法來分析和解決問題。

將發散性思維應用到管理中，可以指導管理人員進行思維創新，在實踐中不斷求新求變，指導企業行為。

約翰‧科特

被稱為領導變革之父。約翰‧科特是舉世聞名的領導力專家，世界頂級企業領導與變革領域最權威的代言人。1980年，年僅33歲的科特成為哈佛商學院的終身教授。約翰‧科特的代表作《領導變革》勾勒出成功變革的八個步驟，具有極強的可操作性，已經成為全世界經理人的變革指南。

一頓特殊的午餐
——聯想思維

聯想思維在創新思維中起著舉足輕重的作用，它啓發人們的創新性思維，成為人們科學創新的直接動力。

在英格蘭，有人曾做過一個有趣的實驗。

在一次有許多人參加的午餐上，聘請了一位有名的廚師下廚，這位廚師做出的飯菜色、香、味俱佳。但實驗者故意把做好的飯菜進行了「顏色加工」。將牛排製成乳白色，沙拉染成發黑的藍色，把咖啡泡成渾濁的土黃色，芹菜變成了並不高雅的淡紅色，牛奶被他弄成血紅，而豌豆則染成了粘乎乎的漆黑色。滿懷喜悅的人們本來都想大飽口福，但當這些菜餚被端上桌時，都面對這美食的模樣發起呆來。只見有的人遲疑不前，有的怎麼也不肯就座，有的狠下心來勉強吃了幾口，都噁心地直想嘔吐。

可是，在另一桌同樣的飯菜前面，用餐者被矇上了眼睛，開始品嚐同樣「色彩斑爛」的大餐，而這桌菜餚卻受到了大家的熱烈歡迎，很快就被人們吃了個精光，人們意猶未盡，讚不絕口！

這頓午餐的「魔術師」透過上述實驗證明了：聯想具有很強的心理作用。眼見食物的人們，由於食物那異常的顏色而產生了種種奇特的聯想：牛排形似肥肉，喝牛奶聯想到喝豬血，吃豌豆則聯想到吞食腐臭了的魚子醬……是聯想妨礙了他們的食慾。另一桌被蒙住眼睛的客人沒有這種異樣的聯想而仍然食慾大增。

聯想是人的一種本質，讓上文中的人們聯想到了非常倒胃口的東西，進而喪失了食慾，但同樣的，它也可以引導人們對美好事物的想像，同時，做為人的一種本能反應，它可以在企業創新中發揮極大的作用。

聯想思維是指由某一事物聯想到另一種事物而產生認知的心理過程，即由所感知或所思的事物、概念或現象的刺激而想到其他的與之有關的事物、概念或現象的思維過程。

所有的創新本身就是基於現有條件上的創新，透過已有的事物，發揮人的創造性，聯繫到一些還未被開發的事物和概念，那麼就能為企業的發展開拓出新的領域。

野中郁次郎
知識創造理論之父，知識管理的拓荒者。野中郁次郎是日本國立一橋大學教授，他在1995年與同事竹內弘高出版的《創新求勝》一書，從柏拉圖、笛卡兒、博藍尼的知識哲學談起，融入日本企業的實務經驗，企圖建構一套系統性的知識管理理論。

垃圾桶的故事
——逆向思維創新

在日常生活中，常規思維難以解決的問題，透過逆向思維卻可能輕鬆破解。

這是荷蘭的一座城市，幾年前，本來很整潔乾淨的城市卻出現了亂扔垃圾的現象，到處都是隨地亂扔的菸頭、巧克力糖紙、報紙、啤酒瓶等各種廢棄物。造成街頭的垃圾成堆，有的地方垃圾長期堆積，臭氣熏天，原本整潔乾淨的城市變得不再漂亮。

政府衛生部門看到這種情況，於是開始尋找清理城市垃圾的方法。他們首先把亂扔廢棄物的罰款從25荷蘭盾（荷蘭貨幣單位）提高到50荷蘭盾，但是過了一段時間之後，衛生部門發現這個辦法並不怎麼奏效。於是政府衛生部門便尋找別的解決辦法，也就是增加垃圾堆積比較多地區的街頭巡邏督察員，見到有人隨地亂扔垃圾的就即時制止。然而亂扔垃圾的陋習還是沒能得到禁止。

後來，有人提出了一個違背常理的建議：如果有人把垃圾倒進垃圾桶，這時候，垃圾桶便自動付錢給倒垃圾的人，結果會怎麼樣？這個人提議，可以給每一個垃圾桶裝一個電子感應裝置和一個硬幣返還系統。這個系統會在有人把垃圾倒進垃圾桶時，自動付給倒垃圾的人10荷蘭盾。

這種想法真的是和正常思維相反，這個建議把平時的「懲罰隨地亂扔廢棄物」變成了「獎勵把垃圾主動扔進垃圾桶的人」，即獎勵正面的行為，但是，這個想法也不具備可行性，因為它的實施需要付出很大的成本，一是裝置電子感應裝置和硬

幣返還系統，另一個成本就是付給倒垃圾人的10荷蘭盾，這雖然是個小數目，但積少成多，也會是一筆天文數字。另一方面，人們看到倒垃圾還可以賺錢，於是別的地方的人也會來這個城市倒垃圾，這個城市會因此付出巨大的代價。

那麼應該怎麼更好的解決這個問題呢？政府衛生部門從這個人的提議中產生了新的靈感，如果支付金錢不行的話，我們還可不可以提供其他的獎勵呢？經過一段時間的研究，這個城市的衛生部門找到了解決問題的辦法。他們研製出了一種電子垃圾桶，這種垃圾桶的上部裝著一個感應裝置，這個裝置會在探測到有垃圾倒進垃圾桶時，啟動錄音機，錄音機會播放一段笑話，而且有趣的是，不同的垃圾桶會講不同的笑話，並且每個垃圾桶的笑話會每兩週更換一次。

這種垃圾桶出現在這座城市之後，人們都喜歡把垃圾丟到垃圾桶，順便聽個笑話，既保護了環境，又愉悅了大眾，真是一舉兩得。從此以後，荷蘭的這個城市的環境就又變得整潔乾淨了。

逆向思維也叫求異思維，它是對司空見慣的似乎已成定論的事物或觀點反過來思考的一種思維方式。

人們往往容易被固有的模式禁錮住，按照慣常的、既定的思維方法去思考問題，當企業發展

到一定程度的時候，這樣的思維方法就很難有創新和突破，到了這個時候，不妨採用逆向思維的方法，從問題的相反面深入地進行探索，樹立新思想，也就更容易開發出新的領域，幫助企業尋找到新的突破點。

弗里茲‧朱利斯‧羅特利斯伯格（1898年～1974年）
美國管理學家，「人際關係論」的創始人之一。1927年～1932年，羅特利斯伯格做為哈佛大學企業管理學院工業研究室主任喬治‧愛爾頓‧梅奧的一名主要助手參加有名的「霍桑試驗」。他對「霍桑試驗」的成果起到很大的作用，是透過「霍桑試驗」而誕生的人際關係理論的一個主要闡述者。

跳蚤的故事
——戰勝自己的「心理高度」

成功的企業要勇於做自己的對手，戰勝自己。

　　試驗人員曾做過一個實驗：他往一個玻璃杯裡放進一隻跳蚤，發現跳蚤可以輕而易舉地跳了出來。就算重複幾遍，結果還是一樣。因為跳蚤跳的高度通常可達牠身體的400倍左右。接下來實驗者再次把這隻跳蚤放進杯子裡，不過這次是立即在杯上加一個玻璃蓋，當跳蚤再次習慣性跳起的時候，「砰」的一聲，牠只能重重的撞在玻璃蓋上。困惑的跳蚤並不會停下來，因為「跳」就是牠的生活方式。就這樣，牠一次又一次的跳起來，然後一次又一次的撞到玻璃蓋上。經過數十次的被撞之後，跳蚤變得聰明起來，牠開始根據蓋子的高度來調整自己所跳的高度。從此，牠再也不會撞到蓋子上，牠只在蓋子下面的範圍內跳著。當實驗者拿掉那個蓋子之後，跳蚤還是會繼續按照那個高度跳著。三天之後，實驗者發現跳蚤還在原地裡跳著，牠已經無法再跳出原來的高度，再也跳不出那個玻璃杯了。

　　類似的實驗也發生在猴子的身上。實驗人員把五隻猴子關在一個籠子裡，上頭掛了一串香蕉，同時還有實驗人員裝好的一個自動裝置，一旦偵測到有猴子要去拿香蕉，馬上就會有水噴出。當第一隻猴子想去拿香蕉時，牠們很快都被淋濕了，之後每一隻猴子都數次去嘗試取下香蕉，但結果都只讓牠們被淋濕了，於是，猴子們達成了一個共識：不要去拿香蕉，否則會被水噴到。

　　之後，實驗人員把其中的一隻猴子釋放，換進去一隻新猴子A。這隻猴子看到了掛著的香蕉，立刻伸手想去拿下來，結果，其他的四隻猴子立刻阻止了牠，將牠打

了一頓，在數次的嘗試都遭到群毆後，猴子A放棄了取香蕉的念頭，而這五隻猴子也沒有遭到被水淋的後果。然後，實驗人員再放出一隻舊猴子，又換進去一隻新猴子B。這次，新猴子也馬上想要去拿香蕉，同樣的，其他的猴子又毫不客氣的打了牠一頓，這次，猴子A也參與了進來，共同阻止猴子B。這樣逐漸的，原來的猴子都換成了新的猴子，噴水設置也早已經取消了，所有的猴子都不知道為什麼不能拿這個香蕉，但牠們都會嚴格的遵守這個規矩，並且阻止其他的猴子去拿香蕉。

像故事裡的跳蚤和猴子一樣，人有些時候也會這樣。很多人常常給自己這樣的暗示：成功是不可能的，我是沒有辦法做到的。這就是一些人無法取得偉大成就的原因所在。人們首先給自己設限，所以也就再也無法超越了。

有人說：「戰勝對手一千次，不如戰勝自己一次。」戰勝了自己，就不會再懼怕挑戰，就不會再懷疑自身，也就擁有了無限的可能。一個人如果給了自己戰勝一切的信心，那他就可以戰勝一切，獲得他夢想的一切。

對人如此，對企業也是如此。在企業的發展道路上，總會遇到各式各樣的困難，會受到外界的壓力，會受到自身的挑戰，這個時候，學會先戰勝自己的恐懼、超越自己的視野，讓自己強大起來，就能夠面對一切的挑戰。

約翰·阿戴爾
國際知名的作者和管理諮詢者。國際上公認的領導學權威，也是世界上第一個領導力專業的教授。他首創「戰略領導」、「以行動為中心的領導力」等理念和方法。約翰·阿戴爾為是世界上對管理思想和實踐做出最多貢獻的40位人物之一。

可口可樂的「創新」
——盲目創新將導致失敗

企業的創新必須始終以市場為導向。技術創新上的盲目和過度，都是不可取的。

可口可樂是我們的日常飲品，深受人們喜愛。據說，可口可樂是美國一位藥劑師發明的，他叫約翰·潘博頓，他以發明「法國可樂酒」、「梅蒙柳橙綜合營養果汁」和「潘博頓牌印第安皇后神奇染髮劑」而聞名。但是藥劑師約翰·潘博頓並不滿足，他還想發明一種可以給需要補充營養的人喝的飲料。當時間到了1886年5月8日，藥劑師約翰·潘博頓根據營養搭配，發明出了可以給人補充營養的飲料，而且他還發現，這種飲料具有提神、鎮靜以及減輕頭痛的作用。但是這種飲料的味道不怎麼樣，於是約翰·潘博頓在這種飲料中加入了糖漿、水和冰塊，這次味道變得很好，於是他又倒了一杯，打算讓助手嚐嚐。可是他的助手不小心把碳酸水倒入了這種新研製出來的飲料中，然而他們喝了之後發現，這次的味道更好了。這種飲料就是著名的「可口可樂」。

「可口可樂」從推出市場便受到人們的青睞，銷售量一直穩居美國飲料市場的第一位。可是到了20世紀70年代中後期，由於百事可樂

的迅速崛起，可口可樂的市場佔有率有所下降。有競爭就會有發展，爲了尋求更廣闊的市場空間，在激烈的市場競爭中立於不敗之地，可口可樂公司的決策者們開始尋找克敵制勝的法寶。

經過決策層的開會討論，可口可樂公司決定改變可口可樂傳統的口味，開發出一種新口味的可樂。這種新口味的可樂比舊可樂的口感更柔和、口味更甜。這種新口味的可樂能夠得到消費者的青睞嗎？可口可樂公司決定在新口味的可樂推出之前，進行一項市場調查，即花費數百萬美元在13個城市中進行了口味測試，邀請了近20萬人品嚐無標籤的新、舊可口可樂。調查的結果是60％的消費者認爲新可口可樂的味道要比舊可口可樂好。透過調查，可口可樂公司決定把這種新口味的可樂推出市場，希望透過新可口可樂來擊敗競爭對手。

爲了生產新口味的可樂，可口可樂公司不惜花費鉅資改造了生產線。同時，爲了保證新可口可樂的知名度，可口可樂公司還於1985年4月在紐約舉辦了一次盛大的新聞發表會，邀請了200多家新聞媒體參加，希望依靠媒體的巨大影響力，使新可口可樂的市場更加廣大。

這樣的鉅額花費之後，換來的卻是令人意想不到的回饋。「只有舊可口可樂才是眞正的可樂」，可口可樂公司收到越來越多這樣的回饋，並且，每天都會有上百封信件和上千個批評電話向可口可樂公司飛來。越來越多的喜歡舊可口可樂的消費者開始抵制新可口可樂，因爲對消費者來說，傳統配方的可口可樂意味著一種傳統的美國精神，放棄傳統配方就等於背叛了美國精神。

可口可樂公司的決策者始料未及。面對這樣的市場情況，可口可樂公司不得不重新審視新可口可樂的市場前景。決策者們最終做出讓步，在保留新可樂生產線的同時，再次啓用近100年歷史的傳統配方，生產讓美國人視爲驕傲的「舊可口可

樂」。僅僅3個月的時間，可口可樂的新可樂計畫就以失敗告終。

好的東西往往是新的，但新的不一定就是好的。創新是一個企業必須保有的特質，但創新一定要符合實際需要，從現實出發，千萬不可盲目創新。

企業的創新必須始終以市場為導向。創新應該是針對消費者的創新，消費者才是目標，盲目的創新會導致企業發展失衡，當創新成本過高，超過創新所獲得的收益，就會導致企業的不穩定，結果反而不能獲得最佳的經濟效益。同時，經常性的創新會打亂企業的穩定秩序，讓員工們無所適從，也會成為企業的災難。因此，創新必須把握好準確的流程，以安定為基礎，以消費者需求為目標，進行合理的、適當的創新。

史坦利‧西肖爾（1915年～1999年）
美國當代的經濟學家和社會心理學家，密西根大學教授。他是現代管理學的大師之一，組織有效性評價標準的提出者。他的學術研究跨越了許多領域，在企業管理方面，他從社會心理學方面的許多不同角度對正式組織進行了研究。1965年，他在《密西根商業評論》上發表了他最著名的管理成果──《組織效能評價標準》，在企業管理領域引起了極大重視。

國家圖書館出版品預行編目資料

關於管理學的100個故事／陳鵬飛編著.
第一版——臺北市：宇河文化 出版；
紅螞蟻圖書發行, 2008.7
面； 公分. ——（Elite;10）

ISBN 978-957-659-672-8（平裝）

1.管理科學　2.通俗作品
494　　　　　　　　　　　　　　　　97010040

Elite　10

關於管理學的100個故事

編　　著／陳鵬飛
美術構成／Chris' office
校　　對／周英嬌、朱惠倩、楊安妮
發 行 人／賴秀珍
榮譽總監／張錦基
總 編 輯／何南輝
出　　版／宇河文化出版有限公司
發　　行／紅螞蟻圖書有限公司
地　　址／台北市內湖區舊宗路二段121巷28號4F
網　　站／www.e-redant.com
郵撥帳號／1604621-1　紅螞蟻圖書有限公司
電　　話／(02)2795-3656（代表號）
傳　　真／(02)2795-4100
登 記 證／局版北市業字第1446號
數位閱聽／www.onlinebook.com
港澳總經銷／和平圖書有限公司
地　　址／香港柴灣嘉業街12號百樂門大廈17F
電　　話／(852)2804-6687
新馬總經銷／諾文文化事業私人有限公司
新 加 坡／TEL：(65) 6462-6141　　FAX：(65) 6469-4043
馬來西亞／TEL：(603) 9179-6333　　FAX：(603) 9179-6060
法律顧問／許晏賓律師
印 刷 廠／鴻運彩色印刷有限公司
出版日期／2008年7月　第一版第一刷
　　　　　2010年7月　　　　第三刷

定價300元　港幣100元

ISBN 978-957-659-672-8　　　　　　　Printed in Taiwan